植生から見る里山
～その保全と再生のために～

はじめに

　雪解けの小川の眩しさとセリを摘むために入れた手への水の冷たさ，一面のレンゲ畑の中で吹くスズメノテッポウの草笛，梅雨に煙る田んぼのニホンアマガエルの大合唱，涼を求めて入る小川の水の揺らぎ，見え隠れするスジエビとツルヨシの影，霜が降りた凛とした朝に見る残り柿，はだかのケヤキと悲しげな雪の舞う夜の風の音，郷愁を誘う里の姿には季節の匂いと音と肌で感じる暑さと冷たさがありました．

　戦後の経済発展は農業のあり方も変え，農薬と化学肥料の使用によって沢山いたホタルも，カエルも，メダカも，スズメも足元から姿を消してしまいました．そして高度成長は都市化の波となって里山を飲み込んでいったのです．明治初期から中期に描かれた関東地方の迅速測図にはまだ，江戸時代まで変わらず続いていた里山の姿が色濃く残っています．しかし，明治元年から147年が過ぎて歴史上ないほど，日本の景色は変わりました．それを目の当たりにすれば便利さと物の豊かさと引き換えに実に多くのものを失ったと思います．

　私は1975年頃から日本全国の植生調査に関わり，日本の豊かな自然を琉球や小笠原から北海道まで身近に知ることができました．しかし，同時にブナの自然林を調査する近くで，チェーンソーで木が切られる音を聞き，多くの皆伐地を目の前にして悲しくなったことを思い出します．自分の目で直に自然を理解する学びは，その後も国内にとどまらず，中国，韓国，ロシアでも続けました．急速に消えていく自然，都市化により分断される里山を見て，自然との共生をどのように図るべきか，常に考えてきました．

　分断されて都市の中に残る里山，農家による維持が難しくなった里山は農林業から切り離されて放置され，里山の姿と機能を失いつつあります．中には公園緑地として再生の取り組みが行われている場所もあります．都会に取り残された里山をそのままの姿で維持しようと努力されている地域の方々の活動には共感を覚えます．豊かな自然と共生する暮らし方，それを，植生管理を通して保全し再生しうるのか．日本の自然を理解し，その許容範囲の中で自然の利用の仕方を考えていくことが大事だという結論に至りました．

　人も生物界の一員である以上，生活を支える資本は自然にあることを認識

3

し，生態系の循環物質を利用して持続的生活を可能にしていた時代を振り返り，里山の仕組みを植生学的に紐解きながら，地域再生への道筋を明らかにしていきたいと思います．

スギ・ヒノキ植林地
用材としてスギ、ヒノキなどが植林され、間伐や枝打ち、下刈りなどの手入れがされていました。

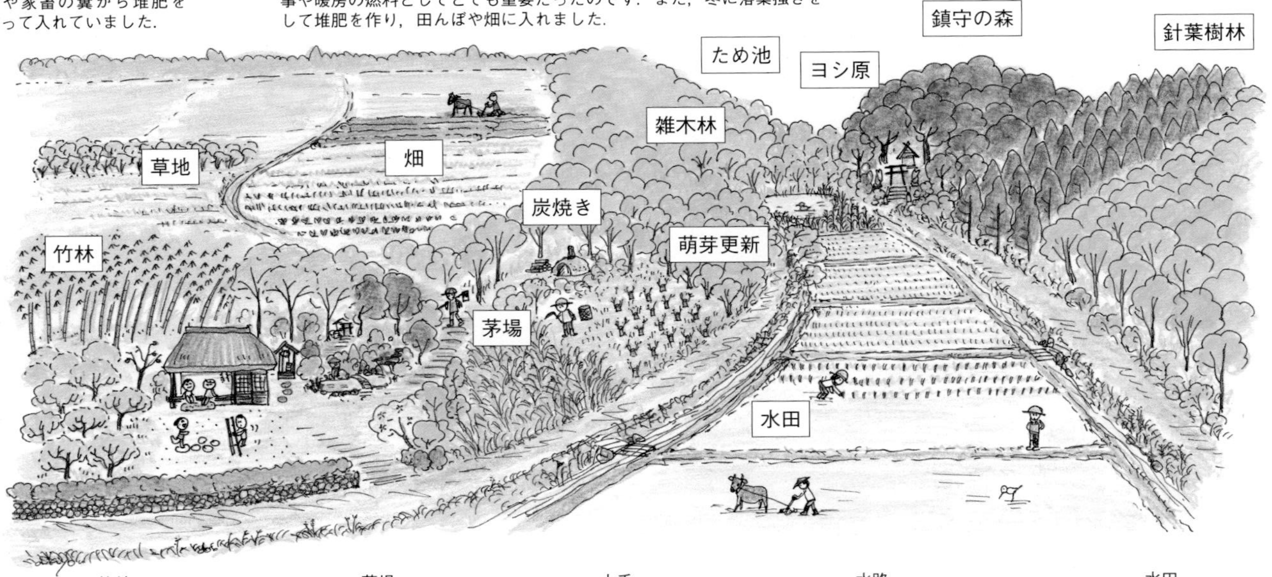

針葉樹林

鎮守の森

雑木林
10～15年周期で一定規模で伐採し、薪や炭にしたので薪炭林とも呼ばれます。コナラ・クヌギが多く使われ、萌芽ではオシマザクラやクヌギクラなどが栽培されるようです。薪や炭は、石油やガスがない時代は、炊事や暖房の燃料としてとても重要だったのです。また、冬に落葉採きをして堆肥を作り、田んぼや畑に入れました。

たな池 **ヨシ原**

水田

雑木林

萌芽更新

炭焼き

茅場

畑

草地

竹林

水路

畑
谷戸の斜面や高台は畑に活用され、コナラ、野菜、果樹、クワなどが栽培されました。落葉や家畜の糞から堆肥を作って入れていました。

竹林
屋敷裏手には竹を栽培していました。竹は食用だけでなく、様々な日用品や道具、建材として使われる生活必需品でした。

茅場
ススキやオギを刈り取って、茅葺屋根に使いました。

土手
水田わきの土手は草刈により草として維持され、刈草は家畜のえさなどに使われました。

水路
谷戸の縁には水路を掘り、谷戸からの水を水田作業に合わせて引き込みました。冬場の畦ぬりなどの作業により維持され、水や生物が豊かでした。

水田
谷戸の奥にはため池が作られ、水田にひく水を管理しました。化学肥料や農薬のない時代は、落葉や家畜の糞で作った堆肥を入れ、草刈りなどすべての手作業で行われました。

口絵1. 里山のイメージ

口絵写真2. 低地の伐採跡地のベニバナボロギクーダンドボロギク群集

口絵写真3. 帰化植物のオオカワヂシャ　東京都多摩川

口絵写真4．斜面を利用した粗放管理の農地 山梨県小菅村

口絵写真5．ビャクシンを交える海岸風衝低木林　伊豆半島爪木崎

口絵写真6．スダジイとイチイガシの社寺林　静岡県伊豆市

口絵写真7．スギの自然林　屋久島　鹿児島県

口絵写真8．極相林におけるギャップ更新　シホテアリン山脈　ロシア

口絵9．「高原の秋草」丸山晩霞記念館蔵　倉沢コレクション

口絵写真10. 沖縄「やんばるの森」のスダジイの自然林

口絵写真11. ビャクシンとイヌマキの自然林　伊豆半島大瀬崎　静岡県

口絵写真12. 海岸断崖のクロマツ自然林　八幡野　静岡県

口絵写真13. 治岸風衝草原のイソギク　伊豆半島爪木崎

口絵写真14. 池沼のビオトープ型のひとつ，ミクリ群落　南相馬市　2015/8/20

口絵写真15. 西日本のススキ草原であるホクチアザミ―ススキ群集 奈良県葛城山

口絵写真16. 外来牧草の帰化した冬緑の河川で枯れた半分は在来のツルヨシ　神奈川県中井町

口絵写真17. 河川敷は牧草の故郷　ウエザー川　リンテルン　ドイツ

口絵写真18. 早春のユキツバキ-ブナ林の林床　福島県只見

口絵写真19. ノハナショウブの咲く中間湿原　群馬県尾瀬ヶ原

口絵写真20. 在来馬の放牧地のアズマギクーシバ群集とオキナグサ　岩手県安比高原

口絵写真21. 都市化に飲み込まれる里山　神奈川県

口絵写真22.　薪炭林として利用されてきたクリーコナラ群集　福島県南相馬市　2017/6/5

口絵写真23.　海抜900m以上のミズナラの薪炭林 奥多摩山梨県

口絵写真24. ヒメシャラを交える太平洋側のブナ林　静岡県天城山

口絵写真25. ヒゴタイの生育するススキ草地　大分県　久住高原　2016/8/12

口絵写真26. キキョウ，オミナエシの自生するトダシバーススキ群集　南相馬市

口絵写真27. 河川改修されていない川は，多様な水生生物が見られる　熊本　益城町　2016/8/12

口絵写真28. 昭和47年と現在の舞岡の姿. 昔は低地が水田, 台地が畑地. 薪炭林は過度の伐採で痩せて, アカマツ林や柴山が多かった. また, 痩せた畔や土手にはススキ草地が広がり, 冬季にはかつて野焼きが行われていた（提供：NPO法人舞岡・やとひと未来）

口絵写真29. 今日の舞岡公園にはこの地域の里山の営みがあり, 生物多様性の大きな人と自然の共生系が形作られている（横浜市）

口絵写真30. 山合いの里山　愛媛県内子町　2019/1/6

口絵写真31. 牧野の広がる草原景観 岩手県安比高原　2019/6/3

植生から見る里山　～その保全と再生のために～
目　　次

22

1 今，里山がなぜ求められるのか

　36億年の地球生命の歴史，地球環境によって育まれてきた生物圏．安定したそのバランスが崩れ始めています．原因は人間活動による環境への負荷が大きくなり，森林の消失，二酸化炭素の排出増大から地球生態系の循環にアンバランスが広がりつつあるためです．その結果，大気や海洋の熱対流に変化が生じ，巨大ハリケーン（台風），集中豪雨，熱波などの異常気象が地球規模で頻繁に見られるようになってしまいました．

　人類が生物界の一員である以上，すべての生命体と地球環境が物質やエネルギーを介して繋がっている生態系というシステムから離れて，人類の持続的生存を確立することはできません．SDGsに示される持続的発展を可能にするためには地球環境の保全が大前提です．

　異常気象が頻発する今日では環境の維持だけではなく損なわれた環境の修復も必要です．人が自然との共生を図るうえで，多様性を失った生態系を回復させ，かつ人の活動を抑制していくことが望まれます．人と自然の共生はどのように確立していたのか，生態学をベースにその仕組みをきちっと理解することが今の問題を解決する糸口になると考えています．

　今，重要視される「人と自然の共生系」，「生物多様性」，そして「持続可能性」，この要素を併せ持つシステムが【里山】にあるのです．里山に関しては以下のような文献があげられますが，この時代だからこそ身近な里山の豊かな自然，緑がなぜ求められているのかを理解し，人と自然の共生を具現化し，持続可能としていくことが大切になるのです（武内ほか2001；田端1997；中村2004；広木2002）．そのためには多様な植生と環境の成り立ちを理解することが必要です．気候，地形，土壌や人間の影響によって環境は異なり，それに応じた植生が成立しています．植生を構成する植物たちには環境に適応した生活形や繁殖型に特徴があり，似た形態を有する植生集団が地域の景観を形作っています．すなわち，植物種≦植生≦景観というスケールで植生を把握していきます（図1）．

　持続可能なシステムであった里山も，その循環の環が途切れています．薪や炭に利用されなくなった雑木林はスギ・ヒノキの植林や宅地に変えられるか，放置により遷移が進んで常緑広葉樹林化し，倒木跡地には生長の早いカ

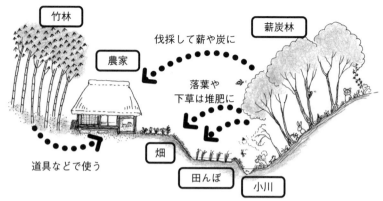

図1．かつての里山では自然の恵みを利用した持続可能な生活が成り立っていた

ラスザンショウなどの陽樹が侵入して台風時に倒木するなど，新たな防災上の問題も生じています．

　里山は時代のニーズに沿って利用の地方が変わるばかりでなく，植生そのものも変化を続けているのです．しかし，変わらないものもあります．人は自然に触れることで，豊かな感性を自然から学び取ることができます．とくに子供たちの情操教育には無くてはならない身近な自然を提供する場，それが里山です．多様な自然の変化を織り成す日本列島にあった昔から暮らしの中で，人の感性は大きな影響を受けてきました．そのような身近な自然には森，藪，草地，小川が散在し，子供たちにとっては小宇宙の未知の存在でありましたが，人の目の届く管理された自然でもありました．

　里山は安らぎの場，農産物生産，生物多様性保全，環境浄化機能，防災機能を通して持続的な人の生存を保証できる場だと思います．コロナ禍で疲れた人々の集う場が緑豊かな公園であることは，経済でなく環境が資本になるこれからの社会づくりを象徴しています．

　これから必要なことは，地球規模での環境の保全，物質循環の再生とその持続性を確保することです．そのために有効なのは，里山を復活し，新たな循環を構築することではないでしょうか．とは言っても，昔の時代に戻ることではありません．江戸時代の人口は約3000万人と言われます．当時の東海道沿いの浮世絵，あるいは残されている明治初期の山野の写真から，山野にはカヤなどの草地，マツ林，柴と呼ばれる背の低い雑木林が多く，土地が痩

せていて限られた資源のもとに，人々のぎりぎりの暮らしがあったことがわかります．大事なのは自然の許容範囲の中で，自然を生かした暮らし方に学ぶべきことがたくさんあるということです．

超大型台風

地球規模の気候変動

SOS

豪雨

土砂崩れ　　倒木

洪水

未曾有の災害

放棄農地

社会変化

山と町が
近接

都市化

☆人間活動の影響でエネルギーバランスが崩れ
　環境をとりまく多くの課題が…

これから重要なこと！

自然と人の共生・持続可能
　生態系が機能し多様で安定した環境である

生態系が機能し持続して共生可能な環境が【里山】

里山は美しい！
豊かだ！
この環境を残せ
ないものか？

時代の変化は仕方
ないよね。いろんな
方法で持続可能
にしたい

里山って言葉は
聞くけどよく
わからない
必要？

とにかく，
あんしんでせい
ぶつたようせいな
未来をください！

昔の里山を見た世代

若い世代　　子供たち

☆環境のベースとなる植生から里山を理解し保全と再生を考えましょう

2 植生を理解しましょう

1）植生の類型化

　この本のキーワードは植生です．植生はVegetationの和訳で，植物で覆われたみどりの地被の意味で，中国では「植被」と訳しています．植生は同所的に存在する色々な植物で構成された集団ですが，みどりという漠然とした表現なので，実際は森林植生や草原植生のように使います．では，まず「植生」についてもう少し詳しく理解してみましょう．

（1）植生の単位

　里山にみられる森林植生はシラカシ林やコナラ林のように呼ばれますが，コナラ林とはコナラが優占している林という意味です．また，標高，地形や土壌の違いによって種組成の異なるコナラ林に分かれます．種組成の違いによって区分された植生単位，すなわち植物群落を使ってより詳しく里山の成り立ちを理解していくことができます．

　区分種によってまとめられる植物群落，例えば関東平野のコナラ林はクヌギ，ヤマコウバシ，ヤマノイモ，ホソバヒカゲスゲを区分種としてヤマコウバシ－コナラ群落にまとめられ，丘陵のコナラ林がウリカエデ，ウラジロノキ，オトコヨウゾメ，コバノガマズミを区分種にウリカエデ－コナラ群落にまとめられるという具合です．

　植物群落の名前は暫定的ですが，前の植物は区分種で，後の植物を優占種とした2種の組み合わせで付けるとわかり易いです．区分種と優占種が同じならば1種で植物群落の名前を付けることもできます．

　関東地方ではコナラの優占する雑木林が見られますが，およそ海抜400mを境に台地にヤマコウバシ－コナラ群落，標高の高い丘陵にはウリカエデ－

植物社会学的手法：植生の種類組成の違いに基づいて単位化する手法

29

コナラ群落が成立していると説明できます．このように種組成の違いに基づいて類型化した植生単位は，コナラ林やブナ林のような優占種を用いた区分よりも植生を正確に把握することができ，種組成に基づく植物社会学的手法と言われています．

（2）植物群落と体系化された群集

　種組成を用いた植生の類型化の手順を説明しましょう．調査対象となる地域で植生調査を行い，集められた調査票をもとに素表を作成し，表操作を繰り返して区分種の抽出が行われ，区分種によって植物群落にまとめられます（図2）．

　このような植物群落は地域的かつ暫定的なもので，これを日本全国の統一した植物社会学的体系に照らし合わせて，種組成，構造，生態，動態，分布を比較し，すでに命名されている群集単位に一致すれば，その群集名を充てることになります．例えば上述のヤマコウバシ－コナラ群落：*Lindera glauca-Quercus serrata* communityはクヌギ－コナラ群集：Quercetum acutissimo-serratae Miyawaki 1967，ウリカエデ－コナラ群落：*Acer crataegifolium-Quercus serrata community*はクリ－コナラ群集：Castaneo-Quercetum serratae Okutomi, Tsujii et Kodaira 1976に同定されることが，関東地方では明らかにされています．

　群集は分類学の種に相当する基本単位で，種が属，科，目に属し，種以下では亜種，変種，品種に整理されるように，群集：Associationは群団：Alliance，群目：Order，群綱：Classに属し，群集以下では亜群集：Subassociation，変群集：Variant，亜変群集：Subvariant，ファシス：Faciesに整理されています（図3）．

　クヌギ－コナラ群集とクリ－コナラ群集はイヌシデ－コナラ群団：Carpino-Quercion serratae Miyawaki et al. 1971，ツガオーダー：Tsugetalia sieboldii Suz.-Tok. 1966，ブナクラス：Fagetea crenatae Miyawaki, Ohba et

オーダー（**群目**）：注文ではなく順序という意の階級で，群団と群綱の間に入ります．

1 調査場所の選定
　調査対象地域で地形や植生の均一な
　植分を選び，構成種が出揃う最小面
　積で調査区を設定する．

2 調査実施
　階層ごとに植物種をすべて
　リストアップし，それぞれ
　の被度・群度を記入して，
　調査票を作成する．

植生調査表（例）

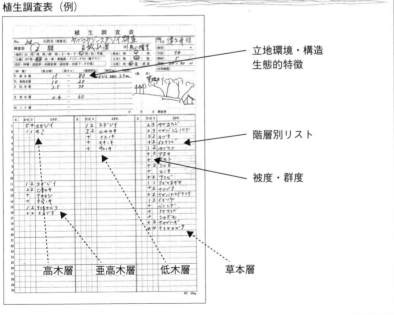

立地環境・構造
生態的特徴

階層別リスト

被度・群度

高木層　　亜高木層　　低木層　　草本層

図2．植生調査の手順

31

3 室内作業（表操作）

調査票を整理して素表を作成し，並び替え操作により，区分種の発見に努め，植物群落を抽出する．

素票→常在度表→
部分表→区分表→
群落表

群落表

a: ナズナ群落　　　c: ヌカキビ−メヒシバ群落
b: ヘラオオバコ−ノシバ群落　　d: セイタカアワダチソウ群落

	a			b			c			d		
通し番号	1	2	3	4	5	6	7	8	9	10	11	12
調査番号	C-2	A-1	B-2	A-2	C-3	B-1	A-4	C-1	B-3	C-4	A-3	B-4
出現種数	10	7	15	7	11	12	7	12	19	9	11	22
ハハコグサ	+	+	+	·	·	·	·	·	·	·	·	·
ナズナ	2	+	1	·	·	·	·	·	·	·	·	·
ツメクサ	2	·	·	·	·	·	·	·	·	·	·	·
オランダミミナグサ	·	+	1	·	·	·	·	·	·	·	·	·
コメヒシバ	·	+	1	·	·	·	·	·	·	·	·	·
ノシバ	·	·	·	+	4	5	·	·	·	·	·	·
チガヤ	·	·	·	2	+	1	·	·	·	·	·	·
ヘラオオバコ	·	·	·	+	3	1	·	·	·	·	·	·
アキメヒシバ	·	·	·	+	·	+	·	·	·	·	·	·
キンエノコロ	·	·	·	·	1	+	·	·	·	·	·	·
メヒシバ	·	·	·	·	·	·	4	3	5	·	·	+
ヌカキビ	·	·	·	·	·	·	+	4	1	·	·	·
オオイヌノフグリ	·	·	·	·	1	·	+	+	+	·	·	·
エノコログサ	·	·	·	·	·	·	1	·	1	·	·	·
イヌタデ	·	·	·	·	·	·	·	1	2	·	·	·
シロザ	·	·	·	·	·	·	3	+	·	·	·	·
セイタカアワダチソウ	·	·	·	·	·	·	·	+	·	4	3	2
ヒナタイノコズチ	·	·	·	·	·	·	·	·	+	3	2	2
トウネズミモチ	·	·	·	·	·	·	·	·	·	1	+	+
イヌムギ	·	·	·	·	·	·	·	·	·	3	4	+
コセンダン	·	·	·	·	·	·	·	·	·	·	1	+
ヤハズエンドウ	·	·	·	·	·	·	·	·	·	·	+	+
ウシハコベ	·	·	·	·	·	·	·	·	·	·	+	+
カタバミ	2	+	1	+	+	+	+	·	·	+	·	·
ハルジオン	3	1	2	+	3	+	·	+	·	·	·	·
ウラジロチチコグサ	3	2	2	3	3	+	·	·	·	·	·	·
チカラシバ	·	·	·	·	2	+	·	·	+	·	·	·
アキノエノコログサ	·	·	·	·	·	·	2	3	·	·	2	·

群落区分種

32

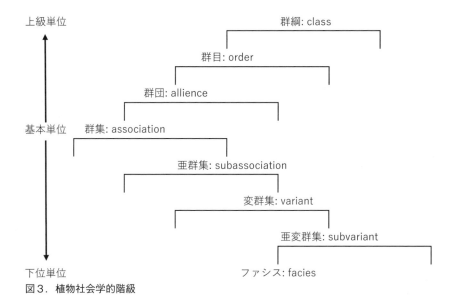

上級単位

群綱: class

群目: order

群団: allience

基本単位　　群集: association

亜群集: subassociation

変群集: variant

亜変群集: subvariant

下位単位　　　　　　　　　　　　ファシス: facies

図3. 植物社会学的階級

Murase 1964にまとめられています（図4）. 一方，下位単位ではクヌギ－
コナラ群集は，例えばモミ亜群集とケヤキ亜群集のように下位区分され，さ
らにケヤキ亜群集はイヌシデ変群集とシラカシ変群集のように下位区分され
ます.

　亜群集は群集内の生態的な違いを表すことが多く，モミ亜群集は乾燥した
尾根状地，ケヤキ亜群集は湿った谷状地に成立しています. 一方，変群集は
遷移に伴う動態的な違いを示すことが多く，イヌシデ変群集は群集の先駆相：
initial phase，シラカシ変群集は退行相：degeneration phaseを表しています.
群集は時間とともに変化し，組成の変化が変群集にまとめられます. 林分に
先駆的な陽樹林の構成種が残っている先駆相，やがて成熟した最適相：opti-
mal phaseに向かいます. そして衰えて，次の群集に遷移していく退行相：
degeneration phaseでは，侵入した次の群集の種が区分種になります. 放棄
されたクヌギ－コナラ群集に極相林のシラカシ群集の構成種であるシラカシ，
シュロ，ツルグミ，チャノキなどの常緑広葉樹が侵入したシラカシ変群集は
退行相を表しています.

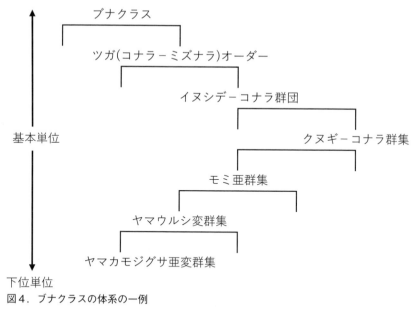

上級単位

ブナクラス

ツガ(コナラ-ミズナラ)オーダー

イヌシデ-コナラ群団

クヌギ-コナラ群集

基本単位

モミ亜群集

ヤマウルシ変群集

ヤマカモジグサ亜変群集

下位単位

図4．ブナクラスの体系の一例

２）植生の時間的変化と空間的変化

　植生は時間的，空間的に常に変化していく存在です．植生が時間と共に別の植生へ移り変わっていくことを遷移：successionといいます．遷移には一次遷移：primary successionと二次遷移：secondary successionがあります．

　一次遷移は火山跡地から始まる遷移のように，溶岩や火山灰の無機質基盤に小さなコケ類が定着し，日光と二酸化炭素と水を利用した光合成が始まります．有機質土壌が少しずつ蓄積されて大形の高等植物が定着できるようになり，遷移が徐々に進んで極相となる森林に到達します．遷移速度は遅く，桜島では極相のタブノキ林になるのに500～700年を要しています（図5）．

　通常，我々の周りで起きているのが二次遷移で，極相林が壊れた後では，有機質土壌とその中に埋土種子もあることから遷移速度は速く，再び元の森林に戻るのに100年を待たない場合もあります（図6）．

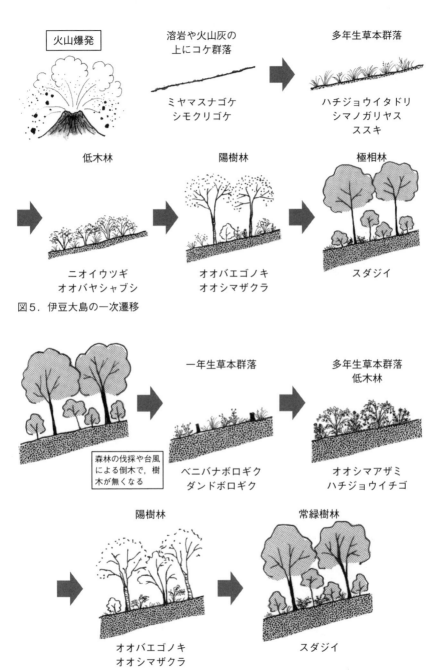

火山爆発

溶岩や火山灰の
上にコケ群落

多年生草本群落

ミヤマスナゴケ
シモクリゴケ

ハチジョウイタドリ
シマノガリヤス
ススキ

低木林

陽樹林

極相林

ニオイウツギ
オオバヤシャブシ

オオバエゴノキ
オオシマザクラ

スダジイ

図5．伊豆大島の一次遷移

一年生草本群落

多年生草本群落
低木林

森林の伐採や台風
による倒木で，樹
木が無くなる

ベニバナボロギク
ダンドボロギク

オオシマアザミ
ハチジョウイチゴ

陽樹林

常緑樹林

オオバエゴノキ
オオシマザクラ

スダジイ

図6．伊豆大島の二次遷移

二次遷移では森林が火災，強風，伐採などによって崩壊すると，日当たりの良い開けた場所となって，一年生草本植物群落が成立します．最初に風散布などで侵入し，埋土種子となっていた草本植物が現れ，十分な日射と豊かな森林土壌のもとに，速く成長する直立型の生育形を持つ種が特徴的です（口絵写真2）．

　ヤブツバキクラス域ではベニバナボロギク，ダンドボロギク，ヤクシソウ，タケニグサ，ブナクラス域ではタニソバ，ヤナギラン，ヨツバヒヨドリ，キオンなどの一年生・多年生草本植物で構成されています．これらの植物は伐採跡地によくみられるために伐採跡地群落と呼ばれています．

写真1．山地の伐採跡地のヤクシソウ－タケニグサ群集　福島県南相馬市

　草本植物群落の次は木本植物の優占が目立つようになり，つる植物，キイチゴ型の半つる植物，分岐型のウツギ類，タニウツギ類が定着します．さらに次のステージでは背の高い先駆性樹種のクサギ，アカメガシワ，ネムノキ，

半つる植物：主幹を持たず，枝は分岐しながらつる状に伸びますが巻きつきません．ノイバラなどのバラ類やモミジイチゴなどのキイチゴ類があります．
先駆性樹種：パイオニア植物とも呼ばれ，伐採跡地など，日当たりが良い場所にいち早く侵入します．アカメガシワやカラスザンショウが代表的です．

カラスザンショウなどがヤブツバキクラス域に，ヌルデ，ヤシャブシ，ヤマハンノキ，ヨグソミネバリ，シラカンバなどがブナクラス域に陽樹林を形成します．

陽樹林下にはやがて森林性の小動物によって陰樹であるブナ科のドングリのような果肉を持たない堅果種子が持ち込まれ，極相林が再び成立します（図7）．

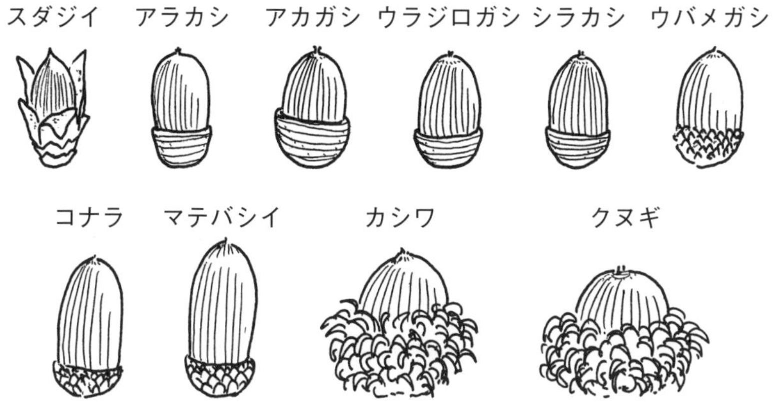

スダジイ　アラカシ　アカガシ　ウラジロガシ　シラカシ　ウバメガシ

コナラ　マテバシイ　　カシワ　　　　クヌギ

図7．堅果種子のいろいろ

極相林が崩壊して再び極相林に戻る遷移の環を群落環と呼びます（図8）．極相林が崩壊して草本群落が成立するのは退行遷移，草原から極相林に進むのを進行遷移といいます．人の介在しない二次遷移では退行遷移と進行遷移を繰り返しながら自然林は動的な平衡状態を保っています．

人が介在して環境を変えると群落環上の植生とは異なる別な植生に遷移します．これを偏向遷移といいます．伐採跡地には本来，直立型の草原が現れますが，畑地にして施肥，水撒き，除草などの集約的管理を行うと，スベリヒユ，コニシキソウ，ザクロソウ，カヤツリグサなどの短期一年生草本植物

偏向遷移：人の耕作や伐採で環境が変わり，別な方向に遷移が進むことです．

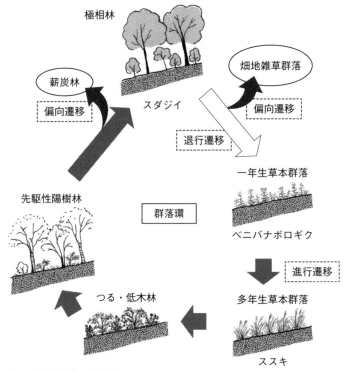

図8. 植物群落の群落環

と呼ばれる小形の草本群落が成立します．また，常緑広葉樹林帯において10
〜20年ごとの伐採を繰り返しますと，萌芽性の強いクヌギ，コナラの薪炭林
が成立します．これらの植生は偏向遷移によってもたらされたものです．

　里山の景観はその土地の極相林を頂点にして，その群落環の進行遷移と退
行遷移，さらに偏向遷移によってもたらされる植生によって構成されていま
す．関東地方を例にとればロームで覆われる洪積台地の潜在自然植生がシラ

短期一年生草本植物：発芽から結実までをひと月ほどで完了す
る小形の植物です．コニシキソウなどの畑の雑草が代表的で，
見つかりにくく，短期間で生活史を完了するために除草を免れ
ます．

カシ林であるとすると，屋敷林にシラカシの優占する常緑広葉樹林があり，薪炭林はクヌギ－コナラ林，その林縁にはウツギやコウゾにセンニンソウ，スイカズラなどの絡みつく藪，畑や果樹園にはスベリヒユ，コニシキソウ，ザクロソウなどの小形雑草群落がみられます．

写真2．台地上の景観
東京都調布市

　畑が放棄されるとメヒシバ，エノコログサ，イヌタデなどの一年生草原を経て，ヒメムカシヨモギ，オオアレチノギク，ハルジオン，ヒメジョオンなどの大形の越年生草原が出現するようになります．

　年に1，2回の草刈りの行われる土手にはススキ，チガヤ，トダシバ，ツリガネニンジン，ワレモコウなどの乾生型多年生草原，あるいはヨモギ，ヨメナ，カラムシ，ヒナタイノコヅチなどの適潤型多年生草原がみられます．農道にはオオバコ，クサイ，カゼクサ，チカラシバが踏跡群落を形成しています．

写真3．あぜ道の踏跡群
落　横浜市舞岡

植生は，環境の漸進的変化によって，その空間的配置が決まってくること
で，成帯構造と呼ばれています．道路から林縁，さらに森林への植生の空間
的配置では，森林に向かって人為的影響が弱まり，踏圧のある路上ではオオ
バコ，カワラスゲ，ノチドメなどのロゼット型，叢生型，匍匐型の短茎な草
地，路傍では前面にハナタデ，アシボソ，ササガヤなどの一年生草地，後方
にミズヒキ，ウマノミツバ，ミツバ，ミズタマソウ，ヒカゲイノコヅチ，シュ
ウブンソウなど，草丈の高くなる多年生草地が帯状に配列します．

　草地の後方には木本植物とつる植物が藪を形成し，分岐型のウツギ類，ア
ジサイ類，ガマズミ，ムラサキシキブ，キブシ，ヤマグワ，つる植物のトコ
ロ，ヤマモイモ，アケビ，カミエビ，センニンソウなどが現れます．さらに
クサギ，ヌルデ，アカメガシワ，ミズキ，エゴノキなどの陽地生亜高木林を
挟んで高木林に移行します（図9）．植生高は林道から森林に向かって高く
なり，一年生草原から多年生草原，つる・低木林，亜高木林という配列は群
落環における遷移の順序と似ています．

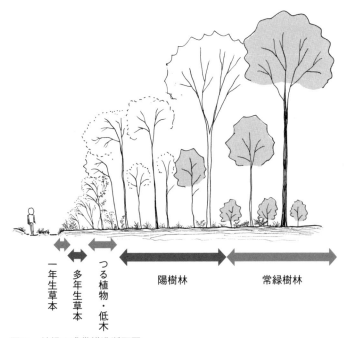

一年生草本　多年生草本　つる植物・低木　陽樹林　常緑樹林

図9．林縁の成帯構造断面図

図10. 種子散布様式

しかし，生活形では違いもあり，路傍の多年生草地にはいわゆる引っ付き虫と言われる動物散布植物が多く，路傍という動物の往来を利用した空間的な植生の配置となっています．チヂミザサ，ウマノミツバ，ミズヒキ，ミズタマソウ，ヒカゲイノコヅチ，シュウブンソウは粘液やマジックテープのような鉤づめ型の果実で動物に付着します（図10）．つる・低木林，亜高木林は鳥類の棲息地となり，ムラサキシキブ，ガマズミ，ヤマグワ，アケビ，カミエビ，ミズキなど，被食型の鳥散布植物の多いのが特徴です．

　植生の遷移の時間的配列と，攪乱という環境傾度に沿った空間的配列が同じ並び方となるのは，攪乱によって引き起こされる遷移の頻度が高いと，遷移段階の若い植物群落が配置し，頻度が下がるにしたがって遷移の進んだ順に植物群落が配置するためです．

　河川敷の植生配分を例にとると，増水による河川敷の植生破壊は，流水辺が最も高く，群落環は裸地と一年生草本植物群落で成り立ちます．流水辺から少し離れた多年生草本植物群落では裸地⇒一年生草本植物群落⇒多年生草本植物群落という群落環が成立し，冠水という攪乱頻度で植生の空間的配置が決まります（図11）．

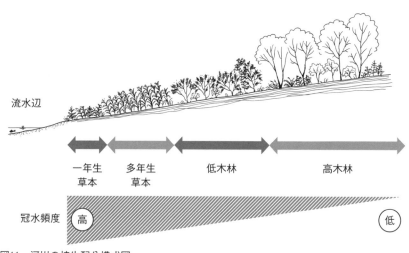

図11. 河川の植生配分模式図

　モデルとしてはさらに自然堤防に向かって低木林，高木林と続きます．こ

のように流水による攪乱が常にある河川敷では植生回復が群落環を通して速やかに進む成帯構造となっているのです.

写真4. 安倍川の河川敷植生　静岡県

3）植生の環境指標性

　すべての植物は種として生態系の中に自分の居場所を有しています. この居場所をニッチといい, 和訳では生態的地位：ecological nicheと訳されています. 具体的には食物連鎖上の位置や生活空間の場所を指していて, ニッチを持たない植物は存在することが難しいのです. よそ者の帰化植物はニッチの攪乱を受けた場所にしか見られず, 人為かく乱の激しい都市周辺や自然かく乱のある河川敷などに集中して分布しています.

　ブナ林やスダジイ林などの安定した自然林では, すべてのニッチは在来種で賄われていますから, 帰化植物が侵入できる可能性はありません. ブナ林の中にハルジオンやセイタカアワダチソウを見つけることはできないのです.

　一方, 河川敷では流水による自然かく乱と刈り取りなどの人為かく乱が多

ニッチ：生態系で決まっている仕事場で, 食物連鎖上の位置や活動する場所を示します.

43

く，例えば多摩川の中流域ではオオイヌタデ，ハルシャギク，カキネガラシ，マツバウンラン，イヌムギなどの一年生草本，ネズミムギ，セイヨウアブラナ，ウラジロチチコグサ，オオアレチノギク，ハルジオンなどの越年生草本，オオカワヂシャ，エゾノギシギシ，シロツメクサ，キクイモ，セイタカアワダチソウ，カモガヤなどの多年生草本，また木本植物でもニセアカシア，キササゲ，フサフジウツギ，ニワウルシなど，たくさんの帰化植物を見つけることができます．

写真５．多摩川中流域に広がるニセアカシア林
東京都

　帰化植物は撹乱によって生態的空白が生じた場所に一時的に定着するチャンスがあるのです．しかし帰化植物といえども適当に定着するのではなく，在来種と同じような生活形のところに侵入してきます．例えば特定外来生物のオオカワヂシャは在来種のカワヂシャと一緒に群落を形成しています（口絵写真３）．一般的にかく乱の頻繁な流水辺に一年生草本，かく乱頻度の下がる堤防側に向かって，空間的に越年生草本，多年生草本の帰化植物が侵入してきます．

　このように帰化植物も含めて植物の生活形は生育地の環境と密接に関係することから，植物には環境指標性があることが分かります．生活形で判断するとかく乱頻度の高さに沿って一年生草本⇒越年生草本⇒多年生草本と並びます．

44

一年生草本で構成される植物群落は湿生立地にタウコギクラスの植物，乾生立地にシロザクラスの植物が出現し，流水によるかく乱が頻繁にある湿地をタウコギクラスの植物が指標します．例えばヤナギタデ，ムシクサ，スカシタゴボウなどが相当します．

　耕作などの人為的かく乱が頻繁にある畑地ではシロザクラスの植物に指標性があります．例えばザクロソウ，カヤツリグサ，スベリヒユなどは耕作地という環境を指標しています．

写真6．耕作の指標種，スベリヒユとザクロソウ

　山で道を見失ったらオオバコを探せと言いますが，オオバコは踏圧を指標するロゼット型の植物ですので間違っていません．イラクサ科のアカソやシソ科のクロバナヒキオコシは林縁に生育する多年草ですが，日本海側の多雪環境を指標しています．

　木本植物でもヤブツバキクラスの植物は暖温帯の気候を指標し，庭にマサキやトベラ，イヌツゲの生け垣があれば，そこの潜在自然植生は常緑広葉樹林になります．また，モウソウチクやクズの分布もおおよそ常緑広葉樹林帯にあることを指標しているのです．

写真７．自生種に
よるイヌツゲの生
垣　東京都調布市

　このように植物には環境に適応する形態，すなわち生活形の違いによって
環境の指標性が明らかになりますが，同じ生活形の集団である植物群落に置
き換えても指標性があるということになります．

４）植生の環境保全機能

（１）生物のエネルギー利用と物質循環

　植生の環境保全機能を理解するためには，森林や草原など，可視化できる
植生を見ながら，生態系を捉えることが大事です．生態系は機能系ですから
見ることはできませんが，例えば森という容器の中では動物や土壌中の菌類
などと共に密接に関係しあいながら物質を循環させています．森は光合成に
より有機物を生産するとともに，他の生物に生きるための餌やねぐらを提供
している基幹産業者です．これらの生物共同体とそれを取り巻く環境の中で
生態系は機能しています（図12）．

　地上に降り注ぐ太陽エネルギーは光合成を通じて森林生態系に取り込まれ
る可視光線と呼ばれる波長400〜800nmのエネルギーです．太陽エネルギー
は地上部に到達するまでに半減し，さらに熱反射や蒸散のためのエネルギー
として使われるために，わずかなエネルギーが光合成により光エネルギーか
ら化学エネルギーに変換されます．化学エネルギーは有機物として物質中に
取り込まれ，生産者である植物から食物連鎖を通して消費者と呼ばれる動物
たちに回されます．

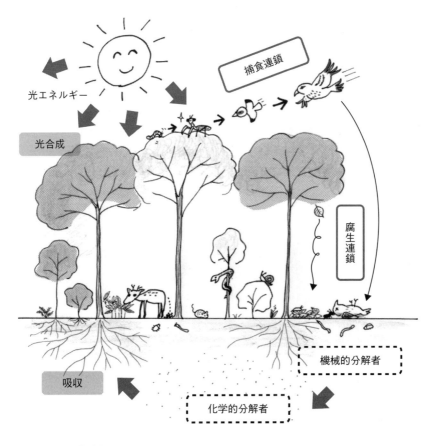

光エネルギー

捕食連鎖

光合成

腐生連鎖

吸収

機械的分解者

化学的分解者

図12. 森の物質循環

　動物は有機物からエネルギーを取り出して生活しています．我々も野菜や肉などの食べ物を消化してエネルギーを得ているわけです．陸上では生産者から消費者に回る有機物は10％程度で（捕食連鎖），90％は落葉落枝となっ

捕食連鎖：食物連鎖の一つで，生産者である植物を食する第一次消費者から高次の消費者へ捕食されて物質が運ばれていく，食う食われる関係で進む食物連鎖です．水圏の生態系はこの連鎖で成り立っています．

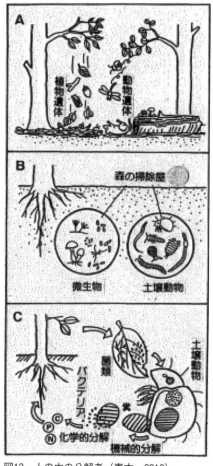

図13．土の中の分解者（青木，2016）

て分解されてしまいます（腐生連鎖）．

　分解する生物の一群を分解者と呼びますが，多くは地中で暮らしています．すべての有機物は地上に落ちてくるわけですから，土の中で分解されていきます．分解者には機械的分解者と化学的分解者がいて，仕事としては最初にミミズ類，ササラダニ類，ダンゴムシ，ワラジムシ，トビムシなどの機械的分解者がバリバリとかみ砕いて分解していきます（図13）．

　次にキノコやカビなどの菌類が分解酵素を分泌して化学的分解を行います．微生物の呼吸などによってエネルギーは熱として放出され，徹底的に分解された有機物は単純な分子化合物の硝酸塩やアンモニウム塩となって，水に溶け，再び植物の根から吸収され，光合成によって再合成されます．

　生態系は物質循環を取り入れることによって成り立っているのです．生物共同体が太陽エネルギーを取り込み，有機物を合成して利用することによって，環境を平衡状態に維持することに成功しています．すなわち，環境に変化が生じると，生物共同体は元に戻そうとします．

腐生連鎖：植物の生産する大半の落葉落枝が消費者を介さず，直接，土壌分解者に回されます．陸圏の生態系はこの連鎖で成り立っています．

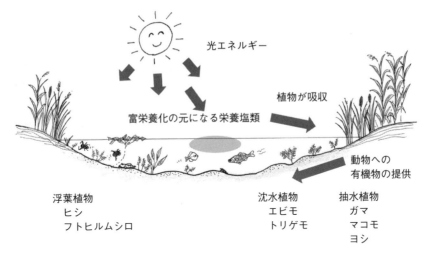

光エネルギー

富栄養化の元になる栄養塩類

植物が吸収

動物への
有機物の提供

浮葉植物
　ヒシ
　フトヒルムシロ

沈水植物
　エビモ
　トリゲモ

抽水植物
　ガマ
　マコモ
　ヨシ

図14. 小川の物質循環

　例えば小川で水質が富栄養化すると，水草が栄養塩類を吸収して元のきれ
いな水環境に戻そうとします．水草は光合成を通して有機物を多く生産し，
それは食物連鎖を通してほかの生物に利用されていきます．生態系を構成す
る生物共同体と環境は作用と反作用という関係を通して常にバランスを取り，
生物の生活に好ましい環境を維持しているわけです（図14）.

　植生による環境保全は，究極の循環システムである生態系によって行われ
ていますが，地球最大の生態系は生物圏です．生物圏は水圏，地圏，大気圏
からなり，平均して約20kmの薄い皮膜です．この空間に地球生命が存在し，
青い穏やかな地球を造り上げてきました.

　生命が存在しない36億年前の地球は今と全く異なります．そもそも大気中
に生物を育む酸素は存在していませんでした．太陽エネルギーが荒々しく地
球の表面を流れていたのは今の火星を見ても想像できます．陸や海の生態系

作用と反作用：例えば土壌環境が良くなって大形の植物が生育
できるようになるのが作用で，植物の有機物の生産が進んで土
壌環境が良くなるのが反作用で，作用と反作用の繰り返しで遷
移は進みます.

が太陽エネルギーを取り込み，ゆっくりと回すことによって熱エネルギーが徐々に大気圏から宇宙に帰っていくようになり，すなわち，生物たちが穏やかな地球に造り変えてきたのです．

その中でも陸上の森林は大きな働きをしました．残念ながら，今日の地球では森林面積は減少の一途を辿っています．地球温暖化の原因となる人間活動から出る二酸化炭素の量も問題ですが，光合成により二酸化炭素を吸収する森林が減少していくことは更に問題です．生物圏において地球環境とバランスを取っていた生物社会は本来，多様な生物から成り立っているのです．

（2）生物の進化と多様性

約36億年前の地球上に生物が誕生したとき，最初はちっぽけな単細胞生物が海水中の栄養塩類を取り込んで繁殖していたと言われます．そのうちに太陽エネルギーを利用して物質を再合成できるラン藻類のような光合成細菌が出現し，物質循環を可能にしました．

光合成生物の出現によって最初の生態系が動き出し，それ以降，食物連鎖を通して生物の多様化が進みました．なぜなら生態系は生物共同体とそれを取り巻く環境からなり，環境が大きく変化すると生物共同体は崩壊の危機に晒されます．その危機を乗り越えるためには，環境の変化に強い種を少しでも多く生態系に取り込んでおくことが肝要です．環境が寒い方に変化すれば寒さに強い種群，乾燥する方に変化すれば乾燥に強い種群がいれば，生態系は壊れずに済むわけです．

環境の変化に対する危機管理として，生態系は多様性を生物共同体に取り入れたのです．具体的に言えば食物連鎖を網の目状に複雑にして，多くの生物がすみ分けて生活できるようにしていったのです．つまり仕事をたくさん作って，生物に多くの職場を提供し，いざ環境の変化が生じたときにはその修復に得意な生物に働いてもらいました．それを極めていった究極の姿が森

修復に得意な生物：環境が変わった時，新たな環境に適応して生態系を維持できる生物．例えば乾燥や寒さに強い種は，環境がその方向へ変化したときに生き残って，生態系を維持していく能力が高いと判断されます．

林なのです.

　すみわけは動物と植物で戦略が異なり，動物は活動時間，生活空間，捕食する生物をすみわける，植物は空間をすみわけることで多様性を確保しています．空間を最大に利用できるのは立体的な森ですから，草本層から高木層まで，森の階層化を目指して多様化は進みました．今の地球上の陸域では，環境が許せば自然植生は森になります.

　環境が厳しい寒帯や乾燥する砂漠では森ができません，生物の多様性を大きくして環境の変化を上手に調節し，物質循環によってバイオマスを最大限に蓄積できるのが森です．地球上で森林化が進み，環境とのバランスを調節しながら今の生物圏を作り上げました．森林が減少すれば当然バランスも崩れ，地球環境は不安定となるのは必然で，それが地球温暖化の進む今の地球の姿なのです.

（3）生態系の機能する空間がビオトープ

　森林，生物多様性，環境保全機能，バイオマスというばらばらな言葉が生態系を理解することで結びつきました．もうひとつ，ビオトープという用語についても触れておきます.

　ビオトープ；Biotopはドイツ語読みで，英語ではバイオトープ；biotopeとなります．生態系が機能する空間を示しており，日本ではよく水辺の自然を再生するときに使われているようです．ドイツでは森林の管理目的で，林家などで使われだしたと聞いています．しかし，専門的にはエコトープという用語の使い方のほうが正しいようです.

　生態系；Ökosystemという機能系は，生物共同体による生物系；Biosystemと無機的環境系；Geosystemで構成されています．そして機能系が作用する空間に生物空間；Biotopと無機的環境空間；Geotopがあり，その両方が存在する空間が生態空間；Ökotopとなります．私たちが認識するフィールドには生物共同体とそれを取り巻く環境がセットでありますからエコトープが正しい使い方となります（図15）.

　しかし，世の中ではビオトープの知名度が圧倒的に高く，本場のドイツでも日本でもエコトープの意味でビオトープを使うようになっていますので，本書でもビオトープという語彙を用いたいと思います．また，ビオトープは生活空間；Lebensraumとほぼ同じ意味で使われています.

	生物共同体		無機的環境
空間系	ビオトープ	エコトープ	ゲオトープ
機能系	ビオシステム	エコシステム	ゲオシステム

図15. エコトープとエコシステム

　さて，それではビオトープの広がりはどのくらいのスケールを考えれば良いのでしょうか．子どもの頃，お墓の花のお供え用においてある竹筒の中を覗くと，澄んだ水が入っている場合と，濁った硫化水素の匂いのする水が入っている場合があって，どうしてだろうと思いました．澄んだ方ではよくみるとミジンコが泳いでいて，アオミドロが繁茂しています．濁った方には何もいません．澄んだ方はアオミドロという生産者，ミジンコなど動物性プランクトンの消費者，そして見えない菌類の分解者が繁殖していて生態系が機能し，環境が彼らの生活しやすい状態で維持されているのが解ります．竹筒内の空間が一つのビオトープとして理解できます．

　白神山地に行くと広大なブナ林が広がっています．最小のビオトープを区切ってみるときは，生物共同体の生活できる空間，目安として食物連鎖の頂点にいる高次の消費者が生活できる空間を考える必要があります．白神山地ではクマゲラやツキノワグマが生活できる空間をブナ林の一つのビオトープとして捉えると良いでしょう．

　一つのビオトープには物質を循環させる植物，動物，菌類が生物共同体として存在しますが，目の前にあり，認識できるのはブナ林という森です．こ

生活空間：動物，植物，菌類などが生活できる環境が整った空間

のブナ林をビオトープ型：Biotoptypenと呼びます．しかし，実は確認できるのはブナ林だけではありません．林縁にはアカソやクロバナヒキオコシの多年生草本群落，ヤマブドウやミヤマママタタビのつる群落，タニウツギやヒメヤシャブシの低木林，ヤマウルシ，ウリハダカエデ，ヨグソミネバリなどの先駆性陽樹林など，群落環を構成する植物群落が混じっていて，これらも皆，白神山地のブナ林ビオトープのビオトープ型として認識できます．すなわち，ビオトープは機能系と空間的な広がりを有する最小の植生景観でもあり，地形・地質，土地利用，歴史・文化などの地理学的要素も入ります（5里山の景観とその保全を参照）．

　白神山地のブナ林のビオトープは人のあまり介在しない冷温帯を代表する自然の森林景観で，生物多様性が大きく，水源涵養機能も高く，水質浄化，大気浄化を通して環境が安定しています．また，バイオマスの蓄積量も多く，豊かな自然資源を有していると判断できます．

（4）生態系の自律性とバイオマスの変化

　このように，生態系が機能する植生では生物と環境が自律的にバランスを取っており，様々な調節が行われています．それは水質や大気の無機的な環境の調節ばかりでなく，種の個体数の調節も行っています．ブナ林には豊凶があり，豊作年には森林性のネズミ類が一時的に増えますが，やがて減少します．

　ブナアオシャチホコの大発生もブナ林を崩壊させることなく周期的に収まっていきます．その因果関係は複雑で，わかっていないことも多いのですが，クロカタビロオサムシの捕食やサナギタケの寄生という食物連鎖が関係しています．一般にある種が個体群を増加させると，その捕食者も数を増加させて捕食を盛んにすることで捕食圧がかかり，捕食される側の個体数が調節されるのです．

　この関係を利用したのが天敵防除で，里山では二次草原の生態系の中で利用されてきました．水田や畑の害虫の天敵であるクモ類，寄生バチなどを放ち，防除を行う方法で，もともと土手や畦などの草地生態系のメンバーですが，害虫にとっては天敵という捕食者となり活躍しています．

　バイオマスは，生物の現存量と有機物の乾重量で示されることが多いです．植生の一次遷移の例を桜島に見ると，新しい溶岩上に最初にハナゴケ，キゴ

ケなどの地衣類やスナゴケなどの蘚苔類が定着し，光合成を始めます．生産
された有機物は少しずつ土壌の形成に回され，土壌の発達とともにススキや
タマシダなどの多年生草本類が侵入，定着します．さらに土壌の形成が進む
とオオバヤシャブシなどの低木林からクロマツ陽樹林へと遷移が進み，やが
て700年ほどで極相林のタブノキ林に達します（図16．田川 1973）．

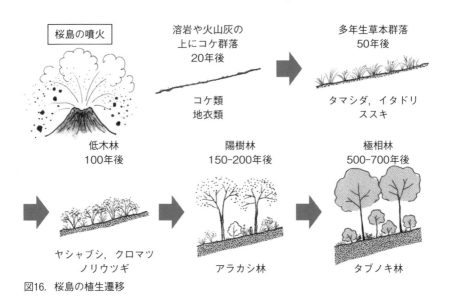

図16．桜島の植生遷移

写真8．桜島のタ
ブノキ林　鹿児島
県

植生の地上部の現存量はコケ期⇒草本期⇒低木林期⇒亜高木林期⇒高木林期へと増加していきます．これを生態系の発達に置き換えてみると，遷移に伴って生物は大形で長寿になり，食物連鎖が複雑になり，生物多様性が大きくなります．光合成によってもたらされる総生産量は生態系の発達に伴って増加していきますが，地上部の植生が大きくなるとともに生活を維持する呼吸量が増加し，総生産量から呼吸量を差し引いた純生産量は減少します．同じように極相林の純生産量は減少しますが，安定した生態系が維持できて環境の変化に大きく左右されないのです．

3 里山の植生

前章で「植生」が類型により体系化されること，時間と空間で変化すること，環境指標性と環境保全機能があることがわかったと思います．では，いよいよ里山の植生について詳しく見ていきましょう．

1）里山の自然

日本列島はユーラシアの東端に位置し，四季の変化の明瞭な中緯度に位置しています．また，夏季のモンスーンが梅雨をもたらし，冬季はシベリア寒気団の発達による大陸からの季節風が吹き，人々の暮らしの歳時記にはこの自然の織り成す季節の移ろいによって形作られてきた歴史が刻み込まれています．人々は五感で季節を感じ，和歌や俳句などの表現手法を駆使してそれを理解し，愛してきました．その積み重ねが地域の歴史だとすれば，里山には地域固有の文化が息づいています．

私は，里山という語感には温かくて，なぜか安心できる懐かしい郷愁を感じてしまいます．人間の生き方を自然との一体化で現した風土という言葉には，人々の生活の営みが，日々の糧を得るだけではなくて，和歌や俳句などの深い心象風景も映し出されているのでしょう．

日本人の暮らしは縄文文化の採集生活，弥生文化の稲作生活に始まりますが，これらは異なる文化圏を形成し，必ずしも縄文時代から弥生時代へと引き継がれたわけではありません．縄文文化はブナ帯（ブナクラス域とも言い，気候的に夏緑広葉樹林が成立する地域を指します），弥生文化は照葉樹林帯（ヤブツバキクラス域とも言い，気候的に常緑広葉樹林が成立する地域を指します）を中心に発展し，紀元前3世紀から紀元後3世紀の間の生産力の逆転によって異なる文化圏が生じたと考えられています（梅原1985）．

ブナやミズナラを主とする夏緑広葉樹林の豊かなバイオマスには，例えば今日の代表的な山菜，ミズナ，シドケ，ウルイ，アイコ，コゴミ，ネマガリ，また，木本植物のコシアブラ，クリなどが含まれます．一方，弥生文化は稲作を主とした栽培で生活を成り立たせており，洪水の心配のある低地周辺に集落を発達させています．しかも稲は南方系の作物ですからヤブツバキクラス域の低地帯に広がるのは今日の集落の分布を見ても明らかです．

日本の里山は水田耕作と四季の恵みを利用した，縄文文化と弥生文化のいいとこ取りで発展してきたのかもしれません（口絵写真４）.

写真９．山菜のアイコはミヤマイラクサのこと　長野県

（1）気候

　亜熱帯に位置する沖縄，さすがに冬ともなれば１月の最低気温は15℃を下回ります．一方，北の北海道は寒温帯に位置し，１月の最低気温は札幌でもマイナス15℃を記録することもあります．本州，四国，九州は暖温帯から冷温帯に位置し，冬ともなれば氷点下になり，雪も降れば，氷も張ります．冬の日本海側ではシベリアからの季節風が運んでくる雪が大量に降り，世界有数の豪雪地帯となります．逆に太平洋側では乾燥した晴天の日が多く，西高東低型の冬型の気圧配置となります．

　日本列島は海洋性気候下にあり，気温格差が少なく温暖でしのぎやすいのですが，湿度は70％を下回ることが少なく，雨も多いのでじめじめした感じになります．年間降水量は1.718mmで世界平均の880mmの倍もあり，季

写真10．豪雪地帯のKrestov博士　新潟県中魚沼郡津南町2006/3/11

節による変動も著しくて梅雨と台風到来時期の月別降水量は200mmを越えますが，12月は40mm程度に落ち着きます（図17）.

　台風は熱帯の海で発生して発達しながら北上し，偏西風に乗って日本列島

寒温帯：温帯北部の広葉樹と針葉樹の混交林の成立する気候帯

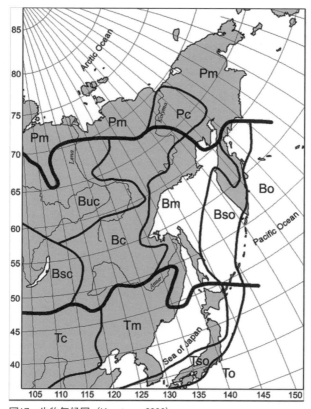

図17. 生物気候図（Krestov, 2006）
気候帯　P：寒帯；B：北方帯；T：温帯.
大陸度　O：海洋性；So：準海洋性；M：沿海性；C：大陸性；
Sc：準大陸性；Uc：超大陸性.

を縦断し，多量の雨と暴風をもたらします．世界的にみて日本列島は多雨林
地帯にあり，亜熱帯から冷温帯まで森林で覆われます．森林が成立しないの
は低温や風衝による高山や海岸などに限られ，暖温帯であっても海岸ではマ
サキ，トベラ，ウバメガシなどの風衝低木林になります（口絵写真５）.

　太平洋沿岸を北上する黒潮（暖流）は北関東から東北沖で親潮（寒流）と
ぶつかりますが，四国の足摺岬と室戸岬，紀伊半島，伊豆半島など，黒潮に
洗われる地域は無霜地帯となり，園芸から逃げ出した種も含めてハマオモト，
アコウ，クワズイモ，ツルソバなどの亜熱帯性植物がみられます．総じて沿
岸部は温暖で，スダジイ，タブノキ，ホルトノキなどの優占する常緑広葉樹

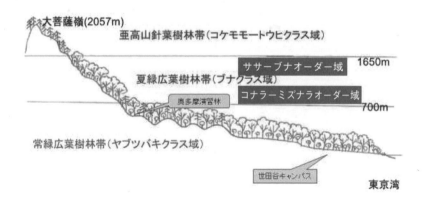

図18. 関東地方の植生の垂直分布

林が成立しています.

　しかし内陸部, あるいは高海抜地では気温が下がり, また, 気温格差も広がることから, シラカシ, ウラジロガシ, アカガシ, イチイガシなどカシ類の優占する常緑広葉樹林に入れ替わることが知られています.

　標高が100m上がるごとに約0.6℃気温は下がりますが, 関東地方では標高700m付近でカシ類の常緑広葉樹林からブナ, イヌブナの夏緑広葉樹林に移行します. この辺りで多くの集落が標高の限界を迎えるのは気温と地形から稲作が困難になるためです (図18).

(2) 地形と土地利用

　日本列島は大陸プレートのユーラシアプレートと北米プレート, 海洋プレートのフィリピン海プレートと太平洋プレートの4つのプレートによって挟まれた場所に位置しています(図19). そのために地震や火山活動が活発で, 台風とともに多くの自然災害をもたらしています. その一方では変化に富んだ山岳景観や温泉など, 風光明媚な日本の姿を造形しているのです. 火山の多くは第四紀火山で, 180万年前から今日に活動が集中しており, 桜島や浅間山のように今日も活発に噴火するのも多くみられます.

　日本列島の骨格は第三紀中新世の頃 (約2300万年前から約500万年前) に形成されましたが, 隆起や浸食によって急峻な山岳地帯が列島に沿って発達

しました．平野部は少なく，河口部の沖積低地には稲作を主とした田園景観が広がりをみせています．一方，洪積台地やなだらかな丘陵地帯は畑作や果樹栽培に利用されることから，河川沿いの低海抜地域に農業を主とした里山景観が散在し，山地の薪炭林，スギ・ヒノキ植林を主とした森林景観と対照的な土地利用がみられるようになりました．

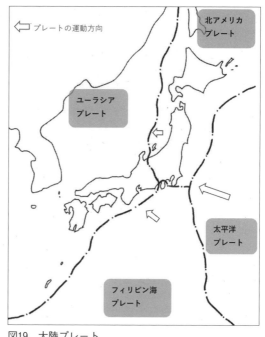

図19. 大陸プレート

（3）里山の自然植生と代償植生

　里山には田畑のほかに，草原や森林があり，そこに暮らす人たちと深い関わりを持って今日まで維持されてきています．草原や森林は食材となる動植物のほか，燃料や堆肥，道具など，暮らしに必要なすべてを供給してくれる緑地で，本来の自然の姿とは異なり，人間が使いやすいように作り変えられており，代償植生と呼ばれています．また，鎮守の杜のような聖域として護られてきた自然植生もあります．里山の植生を知るには，自然植生と代償植生の違いを理解する必要があります．

　自然植生とは，人為的影響を全く受けていない，その土地本来の自然です．日本のような海洋性気候下では，世界平均の２倍の降水量もある多雨林となっていますから，国土の多くは森林で覆われることになります．自然草原は河川，湖沼，火山，高山などごく限られた地域にしか見られません．

　日本列島の自然林の成立に，降水量は環境の制限要因とはならず，主に温度要因によって分布が決まっています．気温は南から亜熱帯気候，暖温帯気候，冷温帯気候，寒温帯気候の気候帯に沿って下がっていきます．屋久島以南には亜熱帯性常緑広葉樹林，屋久島以北，東北南部以南に暖温帯性常緑広

61

葉樹林，東北に冷温帯性夏緑広葉樹林，北海道に寒温帯性夏緑広葉樹林が気
候的極相林として成立しています（図20）.

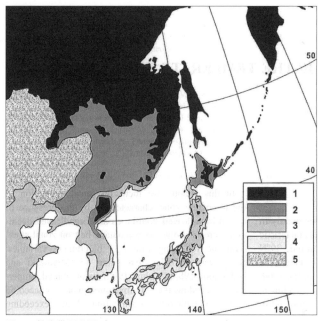

図20. 植生帯区分図（Nakamura & Krestov 2005）
1：北方帯および亜高山帯；2：寒温帯；3：冷温帯および山地帯；
4：暖温帯および丘陵帯；5：ステップ草原

　自然林にはそのほかに土地的極相林があり，地質，土壌，地形などの局地
的な環境規制を強く受けて成立しています．そのために気候的極相林を帯状
植生，土地的極相林を非帯状植生と呼ぶこともあります．例えば，冷温帯の
山地斜面では，斜面の褐色森林土壌の適潤な立地に気候的極相林のブナ林が
成立し，谷に沿って湿って崩れやすい立地にサワグルミ林，尾根筋の風当た
りが強く，乾燥した表土の浅い立地にツガ林が土地的極相林として成立して
います（図21）.
　人為低影響下に成立する代償植生とは，その土地本来の自然植生が伐採，
開墾などの立地改変によって別な植生に置き換わった植生をいいます．例え
ば関東地方の洪積台地の自然林は，シラカシの優占する常緑広葉樹林ですが，
人々が薪炭利用のため，20年おきに伐採を繰り返すことで萌芽性の強いクヌ

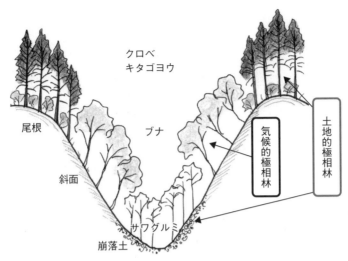

図21. 山岳温帯の植生配分図

ギ・コナラの夏緑広葉樹林が代償植生として成立するようになりました．また，開墾して畑に利用すればスベリヒユやコニシキソウなどの短期一年生の小形草本植物群落が代償植生として出現するようになります．

　里山に広がる植生の多くは薪炭林や耕作地の雑草群落などの代償植生で多くは占められています．自然林は，鎮守の杜などの聖域がわずかに残されているに過ぎません（口絵写真6）．ヒマラヤでは，シャーマニズムに由来する巨石信仰の地に手つかずの照葉樹林が見られることもありますが，世界的にみても宗教的に護られた自然林が里山に存在するのは珍しいことです．

　日本各地の鎮守の杜に残された自然林を調査することによって，その土地本来の自然植生が明らかになっていきました．その情報が，その土地が本来どのような自然植生を支えうるかという「潜在自然植生」の判定に大いに役立っています．

　潜在自然植生とは，気温，降水量，土壌，地形などの無機的な環境要因からその立地が支えうる植生を理論的に導き出したもので，人為的な要因が省かれています．したがって，過去に実際あった手つかずの原植生とも異なる，現時点の気候環境などで評価される潜在的な自然植生ということになります（図22）．

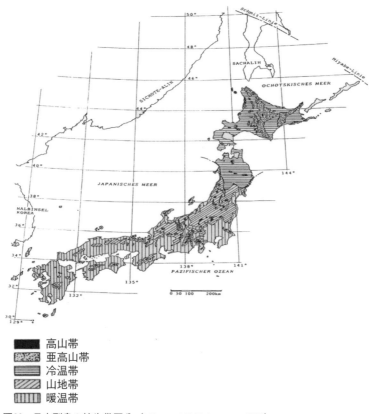

図22. 日本列島の植生帯区分 (Miyawaki&Nakamura 1988)

凡例:
- 高山帯
- 亜高山帯
- 冷温帯
- 山地帯
- 暖温帯

（4）人と自然の共生

　人が影響を与える直前までの植生を「原植生」と言います．それが森林であれば原生林ということになります．日本では，知床と屋久島の森林が原生林と紹介されることもありますが，厳密な意味では原生林ではありません．どちらもミズナラやスギなど，抜き切りによる伐採の影響が残っています．この場合は，森林の構造や種組成に原生林と大きな違いがなければ，自然林という表現を使うのが正しいと言えます（口絵写真7）．

　日本列島に原生林は存在せず，世界的にもアマゾン，ミクロネシア，シベリア，アラスカの限られた地域にしか見られなくなっています．

64

写真11. 極東ロシ
アの原生林　シホ
テアリン山脈

　原生林の中にも人々の暮らしはあり，例えばアマゾン流域の原住民はその
地域の森林生態系の生物要素の一員として生活し，食物連鎖の中でニッチを
得て物質循環の一翼を担っています．それによって持続的な生活が可能に
なっているのです．里山における「人と自然との共生」を考えた時にもこの
捉え方は大事になってきます．

　私の師である宮脇昭先生は，人が生物界の一員である以上，他の生物を犠
牲にして人間だけが豊かな暮らしを享受できるというのはあり得ないと言っ
ています．日本には恵まれた気候の下で多様性の豊かな自然が息づいていま
す．ブナ帯の夏緑広葉樹林を利用して採集生活を行った縄文人は三内丸山遺
跡にみられるように豊かな生活と文化を手に入れていました．

　採集生活を生態系の物質循環で理解すれば，生態系を損なわない許容範囲
の中で，縄文人は食料，薬，衣料となる動植物を得ていたということです．
縄文時代の集落の多くは台地や丘陵など，森に接したところにあり，ぬかる
みが多く氾濫しやすい沖積低地の利用は稲の渡来による水田耕作が広まった
弥生時代からのことです．

　人と自然の付き合い方はすでに縄文時代に現れている通り，生態系を損な
わない許容範囲の中で自然を利用し，その恵みの一部を感謝して頂くという
ものです．弥生時代では稲作のために低地が利用されますが，丘陵と低地の
接するところに形成された集落が多く，洪水による被害を避けるためと，森
からの恵みを得るための配慮があったと思われます．

弥生時代以降，米の生産は集落規模を大きくし，田園は西日本の沖積低地を中心に広がっていったようです．しかし，その範囲は稲作が可能であったヤブツバキクラス域（暖温帯の常緑広葉樹林帯）が中心でした．本州北部や山地ではブナ帯文化のひとつとして，ソバ・アワ・キビの栽培，山菜取り，狩猟をするマタギ文化が有名ですが，ヤブツバキクラス域でも稲作だけでなく，畑作，山菜などの山林利用，使役馬育成などのブナ帯文化を取り込んで発展してきたのが里山の文化だと思います．哲学者の梅原猛は縄文文化を日本の基層文化と位置付け，その後，主流となる弥生文化にも影響を与えていると指摘しています（梅原1983）．

　人の営みは自然と呼応して培われ，地域固有の文化の創造に繋がっていきます．自然林を利用しやすくする過程で，薪炭林，藪，二次草地など，さまざまな代償植生に置き換わり，里山の景観が出現するようになりました．生活に必要な薪や炭，農作物用の堆肥，獣や山菜，生薬，いずれも持続可能なバイオマス利用により，人と自然の共生関係が形づくられていきました．

　その基本にあるのは生態系の物質循環を通して生産されるバイオマスを持続的に利用可能にする，すなわち自然植生が代償植生の二次林や二次草地に姿を変えても，生態系の物質循環の輪は断ち切られることなく，人が利用できるバイオマスが確保されていったということです．

（5）里山の多様性

　里山の自然は人為的に影響を受けた環境も含めて多様な環境が存在し，その環境のもとに成立する多様な植生によって形作られています．自然林で覆われていた森林景観が二次草原を交えた田園景観に変わっていく過程で起きる変化について整理してみましょう．

　原生の状態の植生，いわゆる原生林は巨樹からなる極相林が連続しているわけではなく，所々に倒木によるギャップが開き，そこに陽地生の草本植物が侵入し，さらに段階的につる，低木林，亜高木林が侵入して，徐々に極相林に戻っていくステージが継続的に出現しています．また，ギャップが小さい場合は林冠が閉じて，新たな植生の侵入はなく，極相林が維持される場合もあります（口絵写真8）．

　このように原生林には異なる遷移段階の植分が存在し，また，陽地生の低木林，多年生草本群落，一年生草本群落が林縁部に成立して，多様な生物社

会を構成しています.

　特筆されるのは，極相林の衰退が，枯死木から始まる森林の分解に生活の基盤を置いている木材腐朽菌，キクイムシ類などの木材を食する昆虫類，キツツキ類などの鳥類によって進み，倒木によりギャップを形成するステージと，新たにギャップから森林化へ向かうステージが同時並行で行われているということです.

　したがって，原生林には分解と再生をつかさどる多様な生物社会が構築されており，森林の更新は役割に応じた生物の働きによって更新を重ねながら，原生の状態を維持するという動的平衡が保たれているのです.

　そのような原生状態の環境に，土地利用のために人が手を入れた結果，代償植生が増加していったのが里山です. 代償植生の多くは自然林のギャップに侵入して遷移を進めていく二次植生で，草原，藪，先駆性樹林などで構成されています. また，耕作，施肥，湛水など，人為による環境改変によって，通常なら二次植生には出現しない植生も新たに見られるようになりました.

　したがって，鎮守の杜のような極相林と従属的な二次植生，人為的影響下で出現する植生，それぞれに固有な動物・菌類との繋がりがあり，環境と有機的に結びつき，生物多様性の大きな人と自然の共生系を作り出すことが，

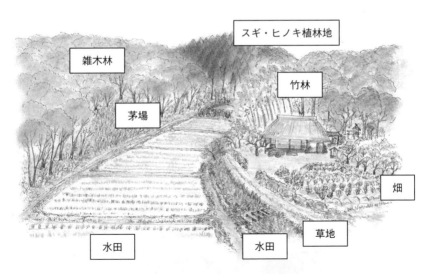

図23. 生物多様性の大きな里山のイメージ

環境を資本とする社会の在り方に求められるのです．それを具現化したのが里山で学ぶべきことがたくさんあるのです（図23）．

２）ヤブツバキクラス域の植生

　ヤブツバキクラス域とは，常緑広葉樹林が成立する温暖な気候の暖温帯を示しています．稲作という弥生時代以降の農耕が発展してきた地域で，照葉樹林帯の作物である稲の栽培可能な低地を中心に広がりをみせています．稲の栽培は今日，品種改良によって北海道まで栽培可能地域になっていますが，江戸時代の頃は本州北部の津軽藩では稲作が出来ましたが，松前藩では行われていません．

　本州ではヤブツバキクラス域に集落の多くが出現しています．稲以外にもサトイモ，コンニャク，葛，自然薯，またモウソウチクなどもヤブツバキクラス域を特徴づける栽培植物や山菜です．

　稲作は水利の良い低地で行われますが，斜面では棚田が利用されました．水田には河川沿いの常に湿った湿田と稲作のために水を引いてきた乾田があり，乾田は水を引いてこなければ乾燥してしまいます．稲作に向かない台地や丘陵は畑地，果樹園，雑木林などに利用されました．養蚕が盛んだった頃に桑畑が広がっていたのは，明治の頃の地形図（迅速測図）からも確認できます（図24）．

　昔は地域の住民が共同で利用する入会地というのがあり，薪炭材や肥料用の落ち葉を採るための山林と，まぐさやカヤを採る草刈場があり，屋根材や家畜の飼料，田畑の肥料などにも利用されていました．雑木林は現在見られるような成長した林は少なく，土壌が痩せてアカマツの多い林，柴しか取れないような若齢林，さらに痩せて林が維持できずにススキなどやせ地に生える茅場となった場所も多かったのは，東海道沿いの里を描いた浮世絵から窺い知ることができます（図25）．

　土地の地力を限界まで使い込んでいた風景は，明治の画人，丸山晩霞（1867-1942）の風景を描いた作品にも表れています．「高原の秋草」にはススキに交じってフシグロ，キキョウ，リンドウ，オミナエシ，ツリガネニンジンなどが描かれており，秋の七草は有機物の乏しいやせ地を指標する身近な里山の植物であったようです（口絵9）．

　ヤブツバキクラス域の自然植生は気候的に常緑広葉樹林ですから，本来，

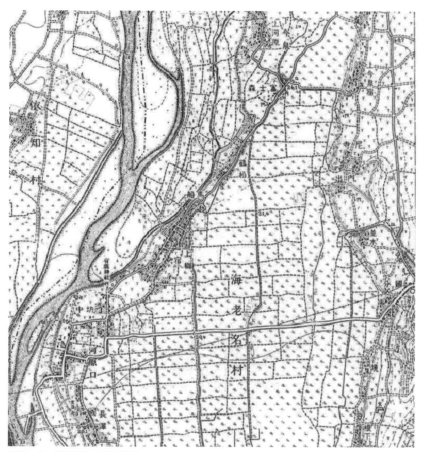

図24．海老名周辺の迅速測図

森林に被われていることになります．そこを徐々に人が住める生活空間に変えていったのが里山です．したがって活動を停止すればもとの森林に戻っていくことになります．人が活動するようになって自然の森は二次林，藪，草地という代償植生に姿を変えさせられてきました．例えば森林を伐採したらその跡地にススキ草原が成立したならススキ草原が代償植生となります．

　代償植生＝二次植生ではありません．よく誤解されるのですが，例えば二次林：secondary forestは自然植生でもあり，代償植生でもあります．雑木林は薪炭用に作り出された代償植生で二次林とも呼ばれています．一方，一次林の極相林が自然火災や台風などによって壊れ，その後に成立した先駆的

図25. 東海道金谷　歌川芳盛　藤澤浮世絵館所蔵

な陽樹林も二次林で，こちらは自然植生です．すなわち同じ二次林でも元の植生の崩壊するきっかけが人為であるか否かで，自然植生か代償植生かに分かれるということです．里山の植生の多くが代償植生で，人為によって作り出された植生であることを理解しておくことは大事です．

　以下に代表的なヤブツバキクラスの植生を森林⇒低木林⇒草原の順で整理してみます．

A 森　林
【自然植生】
a 気候的極相林
シイ・タブ林（沿海部）

琉球列島から本州東北地方南部に及ぶシイ・タブ林域は海洋性気候の影響を強く受けた温暖な沿海部に位置します．スダジイとタブノキが優占し，ホルトノキ，モチノキ，ヤマモモなどが混生します（口絵写真10）．亜高木層にはヤブツバキ，カクレミノ，シロダモ，ヤブニッケイ，ヒメユズリハ，ヒサカキ，低木層にはアオキ，ネズミモチ，ハクサンボク，ミミズバイ，イズセンリョウ，タイミンタチバナ，マンリョウ，草本層にはジュズネノキ，アリドオシ，ヤブコウジ，フウトウカズラ，コクラン，エビネ，ヤブラン，ナガバジャノヒゲ，ベニシダ，ヤマイタチシダ，ホソバカナワラビ，コバノカナワラビなどが出現します．

写真12. 湿潤な立地ではタブノキが優占するムサシアブミータブノキ群集 鹿児島県大隅半島 2015/3/22

代表的な群集は，沖縄にオキナワシキミ－スダジイ群集，奄美にケハダルリミノキ－スダジイ群集，九州から東海地方にミミズバイ－スダジイ群集，北九州，四国，伊豆半島，房総半島にホソバカナワラビ－スダジイ群集があります．

写真13. 奄美大島の照葉樹林 金作原

これらの群集は人々の生活圏と重なるためにほとんど残されておらず，大隅半島や足摺岬などの海岸線近く，伊豆の御蔵島，房総の清澄山に見られるほか，鎮守の森として社叢林に残されていることが多いのです．

カシ・モミ林（沿海部高海抜地および内陸部）

　九州から本州東北地方南部に及ぶカシ・モミ林域は，シイ・タブ林域より高海抜域か，気温が低下し寒暖の差が大きくなる内陸側の気候を指標しています．イチイガシ，ウラジロガシ，アカガシ，ツクバネガシ，シラカシなどのカシ類が優占し，モミを混生することが多くなります．亜高木層にはサカキ，ヒサカキ，イスノキ，シキミ，ユズリハ，ヤブツバキ，イヌガシ，カヤ，低木層にはアオキ，ミヤマシキミ，ヒイラギ，ソヨゴ，ツルグミ，リンボク，ハイノキ，クロバイ，イヌガヤ，草本層にはツルコウジ，ミヤマトベラ，マルバベニシダ，キジノオシダ，オオキジノオシダ，トウゲシバなどが出現しています．

　代表的な群集には近畿以西にイスノキ－ウラジロガシ群集，東海以東にサカキ－ウラジロガシ群集，関東地方にシラカシ群集，東海以西の肥沃な低地にイチイガシ群集などがあります．

写真14．サカキ－
ウラジロガシ群集
猫越の学術参考林
伊豆半島

　カシ・モミ林の多くは丘陵に成立しますが，多くはクリ・コナラの薪炭林，戦後はスギ・ヒノキ植林などの代償植生に置き換えられていきました．残存するカシ林の自然植生は鹿児島の霧島山，宮崎の尾鈴山，椎葉村，綾町，高知の魚梁瀬，三重の大杉谷，愛知の鳳来寺，静岡の三ケ日，伊豆の猫越などに見られます．

b 土地的極相林

土地的極相林は，海岸風衝地，乾燥した尾根，斜面下部の過湿な凹状地，平坦地，河川敷などにみられます．風衝や流水による物理的要因と，乾燥や過湿などの生理的要因により，気候的極相林の発達しない立地に針葉樹林や夏緑広葉樹林として成立しています．

海岸風衝地にはクロマツ，ビャクシン，イヌマキの針葉樹林，内陸の尾根ではトガサワラ，コウヤマキ，モミ，ツガなどの針葉樹が優占し，亜高木層以下にはヤブツバキクラスの常緑樹の多いのが特徴です．クロマツは東北地方南部以西に分布し，風衝地のマサキ－トベラ群集に混生して高木層を占めています．ビャクシンとイヌマキは関東以西のクロマツ林に混生してみられ，伊豆半島の海岸断崖地のほか，海岸の砂洲や礫地にも極相林を形成しています．西伊豆の大瀬崎にはビャクシンとイヌマキの自然林が鎮守の杜として残されています（口絵写真11）．

トガサワラとコウヤマキは近畿以西の太平洋側に分布し，紀伊半島，四国のカシ林域ではモミ，ツガ，ヒノキと混生した林分を確認することができます．

一方，凹状地，平坦地などの湿った場所ではタブノキ，ケヤキ，エノキ，ムクノキ，コゴメヤナギ，ハンノキなどの林分が成立しています．タブノキは斜面下部や低地の適潤な土壌上で優占し，より湿潤になるとタブノキからケヤキ，エノキ，ムクノキの夏緑広葉樹林に推移します．このような場所は乾田に利用されています．

河川敷では，主に日本海側にシロヤナギ，太平洋側にコゴメヤナギ林が成立しています．ハンノキ林は，主に湖沼などの止水域，あるいは谷戸や低湿地などのゆるやかに流れる立地にみられ，土地利用は古くから湿田に利用されてきました．

写真15．ヨシの後背にあるハンノキの湿生林　福島県南相馬

【代償植生】

a 先駆性陽樹林

ヤブツバキクラス域の先駆性陽樹にはハゼノキ，ヌ

73

写真16. クワノハエノキ・アカメガシワの陽樹林
奄美大島

ルデ, アカメガシワ, イイ
ギリ, カラスザンショウ,
ミズキ, オオシマザクラ,
ネムノキ, エゴノキ, エノ
キ, ムクノキ, イヌシデ,
ヤシャブシ, オオバヤシャ
ブシなどがあり, さらに亜
熱帯の琉球にはチシャノキ,
オオバギ, ヤンバルアカメ
ガシワ, ウラジロアカメガ
シワ, オオバネム, ウラジ
ロエノキ, クワノハエノキなど, いずれも夏緑広葉樹となっています.

　これらの樹種は極相林との関係が強く, スダジイ林(ヤブコウジ−スダジ
イ群集やホソバカナワラビ−スダジイ群集)にはクサギ−アカメガシワ群落,
タブノキ林(ムサシアブミ−タブノキ群集やイノデ−タブノキ群集)にはハ
ゼノキ−カラスザンショウ群落やミゾシダ−ミズキ群落, ウラジロガシ林(イ
スノキ−ウラジロガシ群集やサカキ−ウラジロガシ群集)にはイイギリやイ
ヌシデ, ヤシャブシを交える二次林がよく出現します.

　クサギ−アカメガシワ群落は東北南部以西に分布し, 日当たりの良い乾燥
した斜面に出現します. 同じ分布型を示すハゼノキ−カラスザンショウ群落
は凹状地斜面で優占林分を形成します.

写真17. ハゼノキ
−カラスザンショ
ウ群落　神奈川県
葉山市

ミゾシダ－ミズキ群落はタブノキ林だけでなく，渓谷のイロハモミジ－ケ
ヤキ群集やアブラチャン－ケヤキ群集の二次林としても出現します．

オオシマザクラは南関東，伊豆諸島などの温暖な南方系の陽樹で，萌芽性
があり，クヌギやコナラに替わって薪炭林の優占種となります．イイギリ，
イヌシデ，ヤシャブシはカシ・モミ林域に普通に見られる陽樹で，ウラジロ
ガシ林の二次林を構成しています．

b 薪炭林

戦後，石油・ガスの利用が一般化する以前の日本は，エネルギーとして薪
や炭を利用していました．そのために里山近郊の丘陵は薪炭林としておよそ
20年に一度の割合で伐採が繰り返されていました．その多くはコナラ，クリ，
クヌギ，アベマキなど，萌芽性を有する夏緑広葉樹です．

しかし，九州や四国，紀伊，伊豆，房総などの温暖な沿海部ではスダジイ，
マテバシイ，ウバメガシなどの常緑広葉樹の勢いが強く，その萌芽林が薪炭
林として利用されてきました．戦後は薪炭林の利用がなくなったためにスギ・
ヒノキ植林への転用も見られます

代表的な薪炭林は西日本のノグルミ－アベマキ群集，太平洋側沿海部のオ
ニシバリ－コナラ群集，内陸部のクリ－コナラ群集，日本海側のオクチョウジ
ザクラ－コナラ群集，関東ローム台地のクヌギ－コナラ群集などがあります．

薪炭林はおよそ10mの高さの萌芽林で，下草刈りなど管理の良い林分では
林床にサンショウ，ハナイ
カダ，ウグイスカグラ，ク
ロモジ，ヤマコウバシ，マ
ユミ，コマユミ，ガマズミ，
コバノガマズミ，コゴメウ
ツギ，コウヤボウキ，オケ
ラ，ツリガネニンジン，ヤ
マノイモ，トコロ，アカネ
スミレ，シラヤマギク，リュ
ウノウギク，オオバノトン
ボソウ，エビネ，チゴユリ，
ホウチャクソウ，ヤマユリ，

写真18．オニシバリ－コナラ群集　神奈川県二宮町吾
妻山

ケスゲ，ヒカゲスゲ，ホソバヒカゲスゲ，タガネソウ，ノガリヤスなど，60
種ほどの種が出現しています（図26）．

　出現種数の多さは人為的な攪乱によって，本来の森林性植物のほかに，林
縁部や草原などの種も林内に侵入・定着することでもたらされています．

c 植 林

　有用樹木の経済的植林事業で，とくに戦後の拡大造林は雑木林や茅場をス
ギ・ヒノキの常緑針葉樹林に替えていきました．全山スギ・ヒノキで覆われ
るような丘陵や山地も多く，今日では当たり前の景色となっていますが，日
本の歴史始まって以来の森林景観と言えます．

　ヤブツバキクラス域では，スギ，ヒノキ，アカマツ，クロマツなどの針葉
樹が多く植栽されています．これらの種は土地的な極相種で，スギは屋久島，
四国の魚梁瀬，紀伊の尾鷲，日本海側多雪地の岩角地など，降水量の多い貧
栄養な岩角地に，ヒノキは東北南部以西の急峻な渓谷断崖の空中湿度の高い
立地に，アカマツは日当たりが良く，貧栄養な山岳尾根部の岩角地に，クロ
マツは風衝の強い海岸断崖に自生しています（口絵写真12）．

　スギは水はけの良い斜面谷筋に，ヒノキは乾燥した丘陵斜面に，アカマツ

ヤマユリ	ワラビ	ゼンマイ	コウヤボウキ	オケラ	コゴメウツギ
オケラ	トトキ（ツリガネニンジン）		シラヤマギク	トトキ	ガマズミ
			ヒカゲスゲ	キンラン	ウグイスカグラ
			ホウチャクソウ		マユミ
			フタリシズカ		

図26. 雑木林断面図

は丘陵の尾根筋に，クロマツは海岸線に沿った砂地に植林される傾向があります．本来，常緑広葉樹林になる場所ですから，競争力のない針葉樹が負けないように間伐や下草刈りなどの競争力の強い種を排除する定期的な管理が必要となります．それを怠ると山が荒れるという状態に陥ります．

針葉樹は土壌の浅い岩角地に本来の生育地がありますから，根は深根性でありません．したがって，広葉樹のような保水力も直根で地盤を支える能力も低く，土砂崩れを誘引して流木が洪水を引き起こすことも多いようです．

生物多様性，水源涵養，砂防などの保全機能を高めるためには，生産性の低い針葉樹植林ならば広葉樹林への転換が望まれます．

B　低木林

【自然植生】

火山荒原，海岸風衝地，湿原辺，河川敷では風衝や流水という物理的作用の影響で低木林が成立しています．伊豆七島の火山荒原には，スコリア火山灰上にニオイウツギ−オオバヤシャブシ群集，伊豆半島から富士山のハコネウツギ−オオバヤシャブシ群集，フジサンシキウツギ群落などの一次遷移上の植生が分布しています．

海岸の最前線ではハマゴウ，オキナワハイネズやハイビャクシンのような背の低い匍匐型針葉樹が優占植分を形成し，その後方にマサキとトベラが優占し，シャリンバイ，オオバグミ，オオバイボタなどを混生する常緑低木林が成立しています（口絵写真5参照）．伊豆半島以南ではマサキ−トベラ群集の後背にウバメガシの優占する亜高木林（トベラ−ウバメガシ群集）がみられます．

湿原辺ではハンノキ林の林縁などにミヤコイバラ，ウメモドキ，コムラサキ，イボタノキなどの夏緑低木林が成立しています．

中流河川敷では流水辺に沿ってネコヤナギ，イヌコリヤナギ，ユキヤナギ，アキグミ，ドクウツギ，カワラハノキなどがみられます．近畿以西ではカワラハンノキやキシツツジの夏緑低木林が渓岸沿いに，砂礫堆積地ではドクウツギ，アキグミの低木林が発達しています（写真4参照）．

【代償植生】

二次的な低木林には林縁部に成立する自然植生を含めてノイバラクラスの

植生が相当します．夏緑低木と木本つる植物で主に構成されていますが，ナワシログミ，ナツグミ，オオバイボタ，ビナンカズラ，テイカカズラなどの常緑植物も含まれる場合もあります．

　形態的にはつる型，半つる型（キイチゴ型），分岐型に整理することができ，シイ・タブ林域とカシ・モミ林域で明瞭ではありませんが，異なる植生が分布するようです．

　シイ・タブ林域のつる型はコバノハスノハカズラ，ハマサオトメカズラ，シチトウエビヅル，テリハツルウメモドキ，シマサルナシなどの海岸に多い植物のほか，センニンソウ，スイカズラ，ツルウメモドキ，エビヅル，ノブドウなどの広域分布のるつる植物があります．

　半つる型ではカジイチゴ，ハチジョウイチゴ，シマバライチゴ，ヤナギイチゴなど，分岐型ではイワガネ，ハドノキ，ガクアジサイ，オカイボタ，イボタノキ，ウツギ，ガマズミ，オオムラサキシキブ，ハチジョウキブシなどがあります．これらの植物が構成種となってカジイチゴ群集，センニンソウ群集などが分布しています．

写真19．林縁のハチジョウイチゴ群落　福岡県沖ノ島

　カシ・モミ林域のつる型にはオオツヅラフジ，マタタビ，サルナシ，ボタンヅル，ハンショウヅルなどの出現する植生があり，半つる型ではヤマブキ（クサボタン－ヤマブキ群集），モミジイチゴ，ニガイチゴ，クマイチゴなどによる植生，分岐型ではマルバウツギ，ヒメウツギ，コガクウツギ，ガクウ

ツギ，キハギ，タマアジサイなどによる植生，例えばボタンヅル－ウツギ群集があります．

C 草原

【自然植生】

海岸風衝地，湿原，河川敷には自然草原が成立します．海岸風衝地に特徴的なキク属には地域性があり，オオシマノジギク（奄美大島；オオシマノジギク－ホソバワダン群集），サツマノギク（南九州；サツマノギク－ホソバワダン群集），ノジギク（兵庫県以西の太平洋側；ツワブキ－ノジギク群集），イソギク（関東；イソギク－ハチジョウススキ群集），ハマギク（関東から北海道の太平洋側；ラセイタソウ－ハマギク群集）などがすみわけて分布しています（口絵写真13）．

湿原には，抽水植物群落や浮葉・沈水葉植物群落があります．抽水植物群落はヨシ，ガマ，マコモ，ショウブ，カサスゲなどの高茎な多年生草本植物で構成され，水深が0〜20cmの比較的富栄養な立地に見られます（口絵写真14）．水深が深くなる場所ではヒメシロアサザ，ガガブタ，ヒシ，フトヒルムシロ，ジュンサイなどの浮葉植物からなる植生，クロモ，セキショウモ，セキショウモ，イトモ，トリゲモなどの沈水葉植物からなる植生が成立しています．

河川敷の植生は上流，中流，下流域の流水環境の違いにより異なる植生が見られます．流速が速く貧栄養で低温，溶存酸素の多い上流域では，渓岸にナルコスゲ，ヒメレンゲ，ミズタビラコ，ミゾホオズキ，コンロンソウ，ネコノメソウ類など，ヌマハコベ－タネツケバナクラスという湧水辺植物群落の種が生育しています．

中流域の流水環境は上流域に比べ緩やかになり，流水に沿ってツルヨシが生育し，浸食と堆積が繰り返される不安定な砂礫河原には日本の急流河川に

抽水植物：茎や葉などの植物体が水面から出ているヨシやガマなど
沈水葉植物：葉を含め植物体が水中にあるセキショウモやクロモなど
浮葉植物：葉が水面に浮かび、根は水底に達するヒシやヒツジグサなど

写真20. 浮葉植物のジュンサイとフトヒルムシロ

写真21. 砂礫地のカワラニガナ　多摩川中流域　東京都

写真22. ヨシの草原　多摩川下流域　川崎市

特徴的な多年生草本や二年生草本が分布し，カワラヨモギ，カワラニガナ，カワラハハコ，カワラサイコ，カワラノギクなどの固有種が多く見られます．

また，これらの種に交じって帰化種のムシトリナデシコ，ノゲイトウ，シナダレスズメガヤ，ナギナタガヤなども目立ってきています．

　下流域の水環境は流れが緩やかで水温が上がり，溶存酸素は少なく，富栄養化しています．泥質堆積物上に高茎なヨシ，オギなどの多年生草本が優占し，シオクグ，シチトウイ，アイアシを交えることもあります．

【代償植生】

　里山の草原は，人為的攪乱の程度のより一年生草本群落と多年生草本群落に分かれています．集約的な管理の行われる農耕地には一年生草本群落が広く出現しています．水田ではイネクラスの植生，溝にはタウコギクラスの植生，あぜ道にはオヒシバクラス，畑にはコハコベクラスの植生が分

布しています.

　イネクラスの植生には稲の渡来と共に日本に入ってきた史前帰化植物が特徴的です. 例えばコナギ, アブノメ, キカシグサ, アゼナは水田の厄介な雑草として知られていますが, 水田以外ではあまり見かけることはありません. ウリカワ-コナギ群集が夏季の水田に出現し, 上記種以外にアギナシ, オモダカ, チョウジタデ, ミゾハコベ, ホタルイ, タマガヤツリ, ハリイなどが見られます. 栽培種のクワイは中国で作られていますが, オモダカの品種にあたります.

写真23. ウリカワ
-コナギ群集　群
馬県川場村

　湛水される前の春季の水田はタウコギクラスのノミノフスマ-ケキツネノボタン群集が出現します. 優占種はスズメノテッポウで, そのほか, カズノコグサ, セトガヤ, コオニタビラコ, キツネアザミ, ムシクサ, タネツケバナ, ムラサキサギゴケ, スズメノカタビラなどが良くみられます. また, かつては窒素固定のためにゲンゲが播種され, 春の水田をピンクに染めていました. セトガヤやコオニタビラコも水田以外で見かけることは少なく, 史前帰化植物と考えられています.

写真24. 春の水田
雑草 コオニタビ
ラコ 横浜市舞岡

写真25. 湿田のスズメノテッポウ－タガラシ群集
横浜市舞岡

写真26. ヒデリコとテンツキ 横浜市舞岡

また，ゲンゲも中国から導入された緑肥です．一方，湿田にはタガラシが出現し（スズメノテッポウ－タガラシ群集），同じ仲間のケキツネノボタンが畔にすみわけて見られます．

春の耕起の時に水田では畔塗りが行われますが，新たに塗られた側面には夏季になると短期一年生草本のヒデリコとテンツキが特徴的に出現します（ヒデリコ－テンツキ群集）．また，畔の上は踏圧の影響を受けて，オヒシバクラスのオヒシバ－アキメヒシバ群集が農道に沿って帯状に広がっています（図27）．

畑作地帯でも水田と同じ

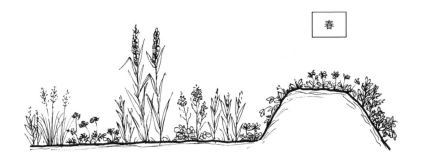

スズメノテッポウ	カズノコグサ	オオジシバリ	ヨメナ
ゲンゲ	スズメノカタビラ	コオニタビラコ	ヨモギ
		ムラサキサギゴケ	ユウガギク

ウリカワ	コナギ	アギナシ	ヒデリコ	オヘビイチゴ	ヨメナ
オモダカ	ミゾハコベ	ホタルイ	テンツキ	ヘビイチゴ	ヨモギ
				オオバコ	ユウガギク

図27. 水田の植生配分模式図　春と夏

ように春季と夏季で異なるコハコベクラスの一年生草本群落が出現していま
す．冬季から春季にはホトケノザ，ヒメオドリコソウ，コハコベ，オオイヌ
ノフグリ，ノボロギク，オランダミミナグサなど，欧州の冷温帯からの帰化
種を主としたホトケノザ－コハコベ群集がみられ，夏季は東南アジアの熱帯
に共通するスベリヒユ，ザクロソウ，クルマバザクロソウ，コニシキソウ，
イヌビユ，シロザ，カヤツリグサ，コゴメカヤツリからなるカラスビシャク

春

ホトケノザ　コハコベ　　　　　スズメノカタビラ
オオイヌノフグリ　ノボロギク
オランダミミナグサ

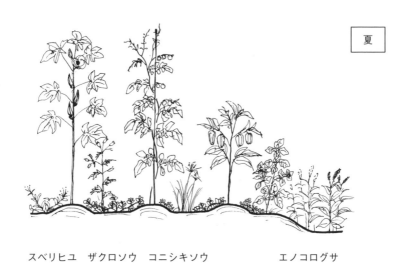

夏

スベリヒユ　ザクロソウ　コニシキソウ　　　エノコログサ
トキンソウ　シロザ　カヤツリグサ　　　　イヌタデ

図28．畑の植生配分模式図　春と夏

－ニシキソウ群集が出現します（図28）．また，耕作放棄により集約的な管
理がなくなると高茎なヒメムカシヨモギ，オオアレチノギク，ヒメジョオン
など，越年生のヒメムカシヨモギ－オオアレチノギク群集が出現します．

写真27. ヒメムカ
シヨモギーオオア
レチノギク群集
南相馬

　里山の多年生草本群落は，畦や水辺，池沼，路傍，土手，林縁などの草刈
りが年に１～２回しか行われない場所に成立しています．春先の土手では野
焼きも行われていました．野焼きは木本植物を除去し，遷移の進行を止める
のに効果的です．

　多年生草本群落にはススキクラス，ヨモギクラス，オオバコクラス，ヨシ
クラスの植生があります．ススキクラスの植生は日当たりの良い乾いた草原
で，かつては茅場として利用され，ほかにも土手や河川の自然堤防に見られ
ました．ススキ，チガヤ，トダシバ，アブラススキ，オオアブラススキ，ヒ
メアブラススキ，メガルガヤ，オガルガヤなど，宿根性のイネ科の根が土手
や堤防の強度を保ちました．

　昔は６月過ぎに刈られた柔らかい青草が家畜の餌に供せられ，旺盛なスス
キの生長力が削がれることで，オミナエシ，キキョウ，リンドウ，アキカラ
マツ，ワレモコウ，ツリガネニンジン，カワラナデシコ，タムラソウなど，
多くのススキクラスの種が共存できるようになっていました（図29）．春先
のあちらこちらで行われた野焼きは，里山の季節を感じる風物誌のひとつで，
秋の七草とはススキクラスの種を多く含む，里山に身近な植物たちだったの
です．代表的なススキ草原には，西日本にホクチアザミ－ススキ群集，東海
以東にトダシバ－ススキ群集がみられます（口絵写真15）．

　ヨモギクラスの植生は，半陰地から日当たりの良い適潤な立地に見られま
す．日当たりの良い畦や路傍，半陰地となる林縁部のソデ群落として，帯状

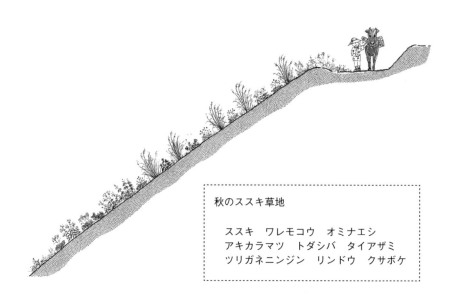

秋のススキ草地

ススキ　ワレモコウ　オミナエシ
アキカラマツ　トダシバ　タイアザミ
ツリガネニンジン　リンドウ　クサボケ

6月　青草刈り

2月　野焼き

やわらかくて
おいしい〜

家畜のえさにしました

枯れ草を焼くことで，良い
ススキ草地が維持される

図29．ススキ草地の植物と管理

に植分が発達します．ススキのような大形のイネ科はなく，ヨモギ，イノコ
ズチ，カラムシ，セイタカアワダチソウなどが良く出現しています．
　田の畔にはヨメナ，ユウガギク，ヨモギなどのユウガギク－ヨモギ群集，
路傍にはカラムシ，ヒナタイノコズチ，セイタカアワダチソウ，ヨモギ，ゲ
ンノショウコ，ヤブマメ，キツネガヤなど，帰化植物も含む草原が普通にみ

られます．カラムシは史前帰化植物といわれますが，ソデ群落にはカラムシ属が多く，ヤブマオ，メヤブマオ，クサコアカソ（日本海側ではアカソ）などの優占植分が特徴的です．

半陰地ではミツバ，ウマノミツバ，ヒカゲイノコヅチ，ミズヒキ，フジカンゾウ，ミズタマソウ，ドクダミ，シュウブンソウ，トボシガラなどのミズヒキ－ドクダミ群集が成立します．また，この多年生草本群落の前縁には低茎なアシボソ，ササガヤ，ハナタデなどの１年生草本群落（ハナタデ－アシボソ群集）の見られることもあります．

オオバコクラスの植生は本来，自然かく乱のある河

写真28．ユウガギク－ヨモギ群集　長野県

写真29．林縁のソデ群落，ミズヒキ－ドクダミ群集．東京都狛江市

川敷に成立しますが，流水に抵抗のあるロゼット形や叢生形の生活形は踏圧下にも適するため，二次的な植生を路上に形成しています．日当たりの良い農道には踏圧が弱まる方向で，クサイ－オオバコ群集，カゼクサ－オオバコ群集，そしてヨモギクラスのチカラシバ群集の空間的な配分が見られます．また，雑木林内の半陰地となる路上ではカワラスゲ－オオバコ群集が成立しています．

日本の河川は本来，貧栄養で澄んだ急流河川で，中流域の砂礫河原にはカワラハハコ－ヨモギ群団のマルバヤハズソウ－カワラノギク群集やカワラヨモギ－カワラサイコ群集が成立します（図30）．

下流域ではヨシ群落やオギ群集など，秋には地上部が枯死して広がる褐色

マルバヤハズソウ　カワラノギク　カワラハハコ　アレチマツヨイ　カワラヨモギ

マルバヤハズソウーカワラノギク群集

図30. 海老名市河川敷植生断面模式図

の河原が原風景となります. しかし, 今日の河川で冬も緑の河川敷が増えているのは, 欧州から帰化したセイヨウオオバコクラスのカモジグサーギシギシ群団の冬緑性の植生が多く出現して

いるためです (口絵写真16).

　大陸では年に一度の雪解け水による洪水が上流から肥沃な土壌を運び, 新たに堆積した肥沃な立地に越年生草本植物群落が成立します. 群落の構成種は秋季に発芽し, 緑のまま年を越します. そして, 新たに運ばれた肥沃土壌を得て, 一気に生長し, 6月には開花・結実して枯れてしまいます. その前に刈り取りをして干し草とするのが牧草です.

　日本に入ってきた牧草の故郷はこのような大陸河川で, ネズミムギ, カモガヤ, オニウシノケグサ, ナガハグサ, オオスズメノカタビラ, シバムギのほか, セイヨウアブラナ, エゾノギシギシ, ナガハギシギシなども一緒に入ってきました (口絵写真17). すなわち, 夏緑性から冬緑性の河川敷に代わるということは, 流水の富栄養化が進んでいることを意味しているのです.

　ヨシクラスの植生は, 停滞水や流水のある湿った環境下に成立する多年生草地で, 池沼, 河川の自然植生と水田放棄地などに見られる代償植生があります.

　自然植生はチゴザサーアゼスゲ群集, サンカクイーコガマ群集, ウキヤガラーマコモ群集, ツルヨシ群集, アイアシ群集など, 植生やその種組成も豊かですが, 代償植生の多くは放棄田に見られるように高茎のヨシが優占し, ガマやヒメガマ, セリなどを交える比較的単純な植分となります. 持続性のある自然植生と異なり, 遷移が進んで木本植物が侵入し, 他の植生に推移してしまうなか, ヨシクラスの植物が増えていく時間的余裕がないのです. 一部の湿田ではチゴザサーアゼスゲ群集に回復もしますが, かつて湿原であった頃の種が近くに残り, 種の供給源になっている場合が多いです.

写真30. 湿田の放棄地に生育するヨシとカサスゲ 伊東市池 2021/1/15

　乾田放棄地では湛水することが無くなるので，乾燥が進みオオバコクラスのエゾノギシギシ－ギシギシ群集やヨモギクラスのセイタカアワダチソウ群落になってしまうことが多くあります．

3）ブナクラス域の植生

　ブナクラス域とは，夏緑広葉樹林が成立する冷温帯という寒冷な気候を示しています．稲作には適しておらず，穀類や果樹栽培が中心で，丘陵も多いことから，かつては薪炭林，今日ではスギ・ヒノキ，アカマツ，カラマツの植林という土地利用も行われています．

写真31. 尾根にマツ，斜面にヒノキ，谷にスギを植える 山梨県小菅村

四国・九州ではおよそ1,000m以上の高地，近畿で900m以上，関東では700m以上，東北では阿武隈高地で250m以上，東北北部から北海道ではほぼ海岸線からブナクラス域となります．ブナクラス域の自然林は垂直的に二つのタイプに分けられます．いわゆるブナ林は標高の高い方に出現し，関東であれば1,000m以上，東北の北上であれば400m以上になり，ササ－ブナオーダー域で示されます．

　標高の低い植生帯；ツガオーダー域にはイヌブナを主としてクリ，コナラ，ヨグソミネバリ，ホオノキなどが夏緑広葉樹林を形成し，下限でヤブツバキクラスのカシ・モミ林に接することになります．また，ブナ林が壊れるとミズナラ林など，いわゆるナラ型の二次林に置き換わります．

　採集が行われたクリなどの重要種はツガオーダー域，もしくはブナ林の二次林に出現するので，ブナクラス域下部（冷温帯下部）を中心に縄文時代の集落は形成されていたと考えられます．さらに，ナラ型の二次林はカシ・モミ林域にも成立するので，ヤブツバキクラスのカシ・モミ林域からブナクラスのツガオーダー域を中心に採集生活を支える豊かな自然が広がっていたと思われます．

　日本の里山の中心が稲作を主とした集落形成に始まる弥生時代以降に発展していったのは明らかで，その意味では里山＝稲作可能地域と言えるでしょう．しかし，日本の豊かな自然を糧とした暮らしの形成は縄文時代の採集生活にも端を発しており，日本の里山の原点が縄文時代という丘陵地帯に根ざしたブナ帯文化圏にあったのは，青森の三内丸山古墳をはじめとして，関東や上州・甲信越の多くの縄文遺跡が丘陵や台地で見つかっていることから明らかです．

　そのような文化圏は今日の日本にも残されており，山菜取りや焼畑など，アワ，ヒエ，キビ，ソバを粗放に栽培する生活も取り入れたマタギの暮らしはその末裔に位置しています（石川1985）．ブナ帯文化圏は今日のスギ・ヒノキ植林を主とする林業の新しい経済圏と重なっていますが，一致するものではありません．

　縄文時代が豊かな森林バイオマスに育まれていたのは，今日も利用されている多くの野生植物からも伺い知ることができます．木の実ではブナ，クリ，トチノキ，サルナシ，ヤマブドウ，アケビ，山菜ではチシマザサ，コシアブラ，ハリギリ，タラノキ，ヤマノイモ，ミヤマイラクサ，ウワバミソウ，モ

ミジガサ，ヨブスマソウ，ウド，ミツバ，セリ，シオデ，オケラ，ツリガネニンジン，オオバギボウシ，ヤブカンゾウ，ノビル，アサツキ，ギョウジャニンニク，ワラビ，ゼンマイ，クサソテツなどがあげられますが，多くはヤブツバキクラスのカシ・モミ林域からブナクラス域を中心に分布している植物です．

稲の品種改良により北海道でも稲作が可能になり，また低地は刈り取り牧野にも利用されることから，冷温帯でも沖積低地と丘陵・台地の連続した場所に多くの集落が見られるのは，ヤブツバキクラス域とあまり変わりません．

冷温帯に位置する青森県津軽平野では縄文晩期には一部ですでに稲作が始まっていますが，東北地方の沖積低地の多くは灌漑の難しい泥炭湿地であり，江戸時代，もしくは明治以降の新田開発で豊かな水田に生まれ変わっています．丘陵・台地ではリンゴ，モモ，ナシ，ブドウなどの落葉果樹，葉菜・根菜栽培，酪農などの土地利用が盛んで，かつての薪炭林はスギ・ヒノキ植林，アカマツ植林，カラマツ植林などの林業に置き換わっています．

A 森　林

【自然植生】

a 気候的極相林

気候的な極相林には，ツガオーダー域のモミ・イヌブナ林，ミズナラ林と高海抜地を占めるササ－ブナオーダー域のブナ林があります．ツガオーダーの自然林は，低海抜地に西日本のコハクウンボク－イヌブナ群集と東日本のアブラツツジ－イヌブナ群集が分布します．中部地方の内陸気候下ではコナラ・ミズナラ林がブナ林に取って代わります（ミヤコザサ－ミズナラ群集）．

ブナ林は世界的に温暖で雨の多い海洋性気候と結びついて分布が見られます．

写真32．太平洋側のヤマボウシ－ブナ群集　伊豆半島天城山　海抜1400m

日本では，太平洋側のスズタケ－ブナ群団と，雪の多い日本海側のチシマザサ－ブナ群団に分かれています．これは気候の違いによるものですが，太平洋側ではシラキ，ヒメシャラ，キレンゲショウマ，クサアジサイなど，中国大陸と共通する種・属もあり，古いタイプのブナ林でもあります（西日本のシラキ－ブナ群集，東日本のヤマボウシ－ブナ群集）．

　一方，氷期が去り，日本海に大量の対馬暖流が流入して，冬季季節風が水蒸気を取り込むようになった結果，日本海側では多雪地環境が顕在化し，ブナ林の林床にはヒメアオキ，ユキツバキ，ヒメモチ，エゾユズリハなどの常緑広葉樹林の構成種から小形化して積雪下に生育できるように適応した新固有種を伴っています（ヒメアオキ－ブナ群集，ユキツバキ－ブナ群集）（口絵写真18）．

　新固有種とは近くに母種となる種があるのに対し，旧固有種は近縁種が絶滅し，隔離的に遺存するようになった種を言います．

b 土地的極相林

　気候は日本海側と太平洋側で異なり，山岳では多雪環境が顕在化して，植生に大きな影響を与えています．日本海側山地の尾根筋ではクロベ林（アカミノイヌツゲ－クロベ群集）が分布し，キタゴヨウ，アズマシャクナゲ，アカミノイヌツゲ，スノキ，イワウチワ，オオイワカガミ，イワナシ，シノブカグマ，ヤマソテツ，ミヤマイタチシダなどが一緒に見られます．一方，太平洋側ではツガ林（コカンスゲ－ツガ群集）が分布し，バイカツツジ，ホツツジ，アセビ，リョウブ，ネジキ，コカンスゲ，ヤマイワカガミなどが随伴しています．

　土地的極相林は渓谷にもみられ，日本海側ではサワグルミ林（ジュウモンジシダ－サワグルミ群集），太平洋側ではシオジ林，もしくはサワグルミ林（ミヤマクマワラビ－シオジ群集）が分布しています．シオジ・サワグルミ林にはトチノキ，カツラ，シナノキなども混生し，亜高木層以下にチドリノキ，アブラチャン，ニシキギ，ミヤマイボタ，ヤグルマソウ，ミヤマイラクサ，ムカゴイラクサ，ルイヨウボタン，クリンユキフデ，ウスバサイシン，モミジガサ，ヤマタイミンガサ，シラネセンキュウ，オシダ，キヨタキシダ，ジュウモンジシダ，ヤマイヌワラビなど，多くの草本植物がみられます．しかし最近はニホンジカの食害でオオバアサガラ，ハシリドコロなどの不嗜好性植

物が増え，林床の様相もすっかり変わりました．

【代償植生】

a 先駆性陽樹林

冷温帯の先駆性陽樹にはカバノキ科カバノキ属のシラカンバ，ウダイカンバ，ヤエガワカンバ，ヨグソミネバリ，ハンノキ属のヤシャブシ，ヤマハンノキ，クマシデ属のアカシデ，クマシデなどがあります．エゴノキ科アサガラ属ではアサガラ，オオバアサガラ，ムクロジ科カエデ属ではイタヤカエデ，ウリハダカエデなどがあります．

ブナ林には先駆性陽樹としてウリハダカエデ，ヨグソミネバリ，クマシデが良く出現します．サワグルミ林の崩壊地ではサワグルミの再生力も大きいのですが，オオバアサガラ，ヤマハンノキ，ウダイカンバなどが二次林を形成することがあります．尾根のモミ・ツガの針葉樹林では先駆的にアカシデとヤシャブシが良く出現しています．

b 薪炭林

冷温帯の代表的な薪炭林はミズナラ林でクリと共に萌芽林を形成します．近畿以西ではクリ－ミズナラ群集，以東ではフクオウソウ－ミズナラ群集，日本海側ではオオバクロモジ－ミズナラ群集，北海道ではサワシバ－ミズナラ群集が分布しています．このように異なるミズナラ林が成立するのは，潜在自然植生のブナ林やミズナラ林の群集が異なるからです．北海道ではブナ林の分布しない渡島半島以北にサワシバ－ミズナラ群集の自然林もあり，伐採しても同じ組成の二次林が成立します．

c 植　林

有用樹木としてスギ，ヒノキが広く植えられますが，中部地方の降水が少なく，寒暖の差が激しい内陸側気候はスギ，ヒノキに適しておらず，カラマツが広い面積で植栽されています．カラマツは中部地方に自生する土地的な極相種で湿原辺や崩壊地，火山の一次遷移上に現れます．北海道のカラマツは植栽により持ち込まれていますが，火山地などに二次的に侵入，定着する個体も見つかっています．

写真33. フジサンシキウツギ低木林　富士山

B 低木林

【自然植生】

　火山，風衝岩角地，池沼や湿原辺に発達する夏緑低木群落は里山には馴染みが薄く，多くは山地に成立しています．火山の一次遷移上に出現する霧島のツクシヤブウツギ低木林（キリシマヒゴタイ－ツクシヤブウツギ群集），富士山のフジサンシキウツギ低木林（フジサンシキウツギ－マメザクラ群集）などがあります．風衝岩角地では日本海側にミヤマナラ群集，また，石灰岩や集塊岩ではイワガサ，イブキシモツケ，イワシデなどの低木林（イワツクバネウツギ－イワシデ群集）が見られます．池沼や湿原辺では土壌や水環境によって組成が異なりますが，代表的な樹種にはレンゲツツジ，ウメモドキ，ミヤマウメモドキ，ハイイヌツゲ，クロミノニシゴリ，イソノキ，ミヤコイバラなどがあげられます．

【代償植生】

　明るい林縁部にはヤマブドウ，サルナシ，クロヅルなど，つる植物を多く伴うキクバドコロ－ヤマブドウ群集が成立しています．

写真34. キクバドコローヤマブドウ群集　福島県西吾妻

日当たりの良い伐採跡地ではクマイチゴ，ニガイチゴなどの半つる植物が優占するクマイチゴ－タラノキ群集が見られます．林道ののり面には太平洋側でニシキウツギ，ノリウツギ，ヤマヤナギ，日本海側ではタニウツギ，ヒメヤシャブシ，ヤハズハンノキなどが見られ，雪崩斜面に自然植生として成立することもあります．

C 草　原
【自然植生】
　ススキクラスやヨモギクラスの植生は二次草原で，自然草原は山地の湿原や雪崩斜面などに限られています．湿原は尾瀬ヶ原や釧路湿原などに見られるミズバショウ，ニッコウキスゲ，ヒオウギアヤメ，オオカサスゲ，オニナ

ルコスゲなどの低層から中間湿原，ミズゴケ類，ツルコケモモ，ヒメシャクナゲ，モウセンゴケ，ホロムイソウ，ワタスゲなどの高層湿原の植物がみられます（口絵写真19）．

　湿原を低層，中間，高層に分けることがあります．湿地の遷移は初めにヨシやガマなどの抽水植物が定着し，腐植層の堆積が進むと水深が浅くなり，オオカサスゲやオニナルコスゲなどのスゲ型の中間湿原に替わっていきます．さらに堆積が進むと，周りより比高が高くなり，高層湿原に替わります．周囲からミネラル水が流れ込むことはなくなり，水収支は降雨によっ

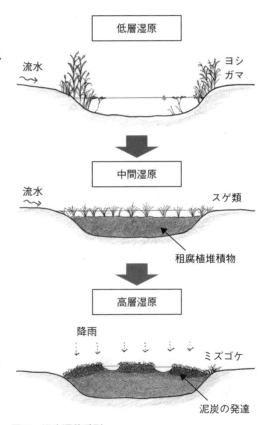

図31．湿生遷移系列

95

写真35. アキタブキの優占する高茎草原　サハリン
ロシア

てのみ賄われ，急速に貧栄養，酸性化していきます．ミズゴケ類の生育により腐植は泥炭化して堆積します．このような遷移系列がイメージされており，腐植の分解されにくい温帯や北方帯気候下で成立します（図31）．

　雪崩斜面は日本海側に多く，本州，北海道，樺太，千島にオニシモツケ－オオヨモギクラスの高茎草原が分布します．代表的な種にはオオイタドリ，ヨブスマソウ，キオン，ゴマナ，ハンゴンソウ，アキタブキ，オオハナウド，ミヤマシシウド，エゾニュウなどの大形草本があり，3mを超える個体もあります．

【代償植生】

　山地の二次草原はのり面，伐採跡地のオニシモツケ－オオヨモギクラスの植生と，牧畜などによって移入されたカモガヤ，ネズミムギなどの外来牧草の群落，スキー場や伐採跡地に侵入したススキクラスの植生などがあります．

　オニシモツケ－オオヨモギクラスは雪崩斜面の高茎草原の自然草原とは異なり，崩壊性のあるのり面ではフキ，ウド，ヨツバヒヨドリ，ヤマブキショウマ，ヤナギランなどのヨツバヒヨドリ－ヤナギラン群集が成立します．

　スキー場ではススキ，ノハナショウブ，スズラン，オオアブラススキ，オミナエシ，ワレモコウ，ツリガネニンジンなどのノハナショウブ－ススキ群集が広がり，採食と踏圧の影響が弱まると，レンゲツツジやシラカンバが侵入し，先駆性のレンゲツツジ－シラカンバ群集に遷移します．

写真36. シラカン
バ林　長野県白樺
峠

　一方，馬の採食は地際から剥ぎ取るために，短茎な草本が優占種となり，
多くはシバ草地に退行してきます．優占種のノシバのほか，アズマギク，ア
リノトウグサ，カナビキソウ，ノジスミレ，ヒメイズイ，スズラン，オキナ
グサなどが生育し，スズラン，ヒメイズイなどの不嗜好性植物は生き残って
株を広げていきます（口絵写真20）．

4 里山の管理と再生

　里山の植生の多くは草原，低木林，先駆性陽樹林，雑木林（薪炭林），植林などの代償植生で，人為的影響の違いによって里のあちらこちらに分散して広がっています．見方を変えてみましょう．その地域の鎮守の森という極相林を頂点にした群落環に沿って代償植生をつなぎ合わせると，バラバラな空間に存在する二次植生を時系列上に並べて整理することができます．すなわち，地域の中に分散している植生は時系列で繋がっており，極相林が壊れても最終的に元に戻る多様な復元力を有しているのです．

　このような自然界のバランスを支える植生の多様性は，里山景観の中で維持され，保全されてきました．しかし，都市化や自然環境に左右されない農業の近代化によって多くの里山では多様性が損なわれ，本来の自然の生み出す力を失いつつあります．

　本来の里山では，草原から森林まで，個々の生態系が自律的に機能することで調整が図られ，生物の多様性が維持され，環境も良好に保たれていたのです．農耕や薪炭林利用などの土地利用は，植生遷移を利用した無理・無駄のない土地利用で，生態系の物質生産の一部を収穫として享受していました．

　人が手を入れることにより当然，群落環に乗らない植生も出現しました．水田や畑地の一年生草本群落，繰り返される伐採によって維持される薪炭林は，偏向遷移によってもたらされています（図9群落環参照）．

　里山の管理に必要なのは，原生状態の生物多様性を失わずに，生態系の物質循環を利用して野菜や木材などのバイオマスを生産し，自律的な生態系の環境維持機能を最大限に生かし，持続的な里山の在り方を考えてみることです．そのためには，里山を再生させるための修復技術も大事になってきます．ここでは，都市化などで壊れてしまった植生を修復して里山を再生する手段として，植生ごとの植栽による再生方法を提案しています．

　植栽される種は，対象とする植物群落の構成種から，植栽適正樹種として選定しています．選定にあたっては，植物群落の優占種のほか，活着しやすく生態的幅の広い種を優先しています．例えば，常緑広葉樹林のホソバカナワラビースダジイ群集では優占種のスダジイを60％とし，区分種のホルトノキ，モチノキ，ヤマモモを10％，さらに照葉樹林帯に普通で，生態的幅の広

いヤブツバキ，シロダモ，ヤブニッケイなどを1％としています.

　一方，ホソバカナワラビースダジイ群集に特徴的な標徴種のイズセンリョウ，ハナミョウガ，サカキカズラ，フウトウカズラ，ホソバカナワラビなどは初期からの導入が難しいため，植栽林が森林の形態を呈し，生態系が機能してくる段階で，自然に侵入してくることを待つか，捕植することが考えられます.

　選定樹種は，草本類を含めて遺伝子を乱さぬよう，近隣の母樹より得た種子の育苗で調達する必要があります. この際，近隣をどのように判断すべきかですが，ホソバカナワラビースダジイ群集の構成種であれば，群集の連続する分布域内，すなわち南関東と伊豆半島であれば問題ないと考えています.

　植生の修復に利用する種は，在来種となりますが，クズ，カラムシ，マンジュシャゲのような史前帰化植物は農耕と共に大陸から入ってきているので，無理に排除する必要はないのかもしれません. ただし，セイタカアワダチソウやコセンダングサのような原産地の分かる明らかな帰化植物は利用すべきではありません.

1）森林の管理と再生

　近年の里山は，明治時代以降のエネルギー革命，農業の近代化，人口増加，都市への人口集中により大きく様変わりしました. それに伴って都市近郊の森林面積は減少し，森林の質も大きく変化しました. 森林の多くを占めた薪炭林は，土地利用の転用と放置による遷移の進行が生じ，今日，管理された薪炭林を見ることは少なくなっています.

　土地利用の転用とは，新興住宅地やゴルフ場，スギ・ヒノキ人工林などへの転用で，首都圏では急速に雑木林は消えていっています. また，伐採跡地や農耕地の放棄による森林化で先駆性陽樹林が増加しています.

　このように，里山の森林は面積の減少し，質的にも大きく変化しています（口絵写真21）. 里山の森林の管理とは，植栽などによる新たな森づくりだけではなく，放置された森に手を入れることも大事です. 森林の管理は森を利用することが前提で，蓄積されたバイオマスとその消費との間で二酸化炭素の量を相殺することを目指さなければなりません. そのためには森林の利用と再生をセットで行う仕組みづくりを考え，部材，薪炭，チップ，有機堆肥などの利用を進めていくことです.

（1）鎮守の杜の管理と再生

　里の「鎮守の杜」にはその地域の極相林という意味も含んでおり，社叢林以外に公園などでも再生させることが可能です．多様で安定した生態系を構築できますから，多くの生物種を育むことに繋がりますし，環境浄化機能や防災機能にも優れています．ただし，バイオマスの利用には向いていません．手つかずの森として保全する必要があります．したがって「鎮守の杜」に手を入れることは，多様で安定した機能を損なうことになります．社叢林の調査をしていると下草を刈っていたり，外来種を補植したりする「鎮守の杜」もあり，残念に思います．

　常緑広葉樹林帯では放棄された薪炭林が多く，手の入らない林分では遷移が進み，林内にアオキ，ヒサカキ，ネズミモチ，ツルグミなどが鳥散布によって侵入し，林冠は落葉広葉樹でも，林内は常緑広葉樹という構造になっていきます．最初に侵入する種は鳥散布によって持ち込まれた種で，林床が暗くなると夏緑性の低木や草本類は後退し，耐陰性の常緑植物であるマンリョウ，ヤブラン，キヅタなどが増加していきます．さらにシロダモ，ヤブニッケイなどの亜高木種も成長し，タブノキ，シラカシ，スダジイなどの林冠木が見られるようになれば，やがてクヌギやコナラなどの夏緑広葉樹を駆逐して常緑広葉樹林に遷移していきます．このように，かつての薪炭林も放棄が続けば，やがて「鎮守の杜」のようになります．

写真37．林内に常緑低木の多い落葉樹林 神奈川県茅ヶ崎市

　鎮守の杜の多くは暖温帯にありますが，東北から北海道の冷温帯に位置する鎮守の杜は，極相林と考えると，低海抜ではコナラやミズナラの大径木林，

高海抜ではブナ林が想定されます．しかし，実際に祀られているのは，植栽起源の成長したスギ林であることが多いようです．

　日本の温暖な海洋性気候下ではほぼすべての植生が極相林へ遷移を進めますから，里山の多くが位置する常緑広葉樹林帯の森林再生では，シイ・タブ・カシ林を目指すことになります．しかし，都市近郊の分断された里山では，種子の供給減となる母樹が近くにない場合，自然散布による再生が難しい場合もあります．それに加えて，進行遷移を早めることを目的として，薪炭林や先駆的陽樹林の林内に常緑樹を補植することは有効です．補植する常緑広葉樹は，高木になる種を中心にスダジイ，タブノキ，アラカシ，シラカシ，ウラジロガシ，アカガシ，モチノキ，ホルトノキ，ヤマモモなど，その土地の潜在自然植生に合わせて樹種を選定します．すでに光環境や土壌環境が整っていますので環境を改変せず，1m以下の稚樹を4㎡に1本程度，植栽することで十分です．

　都会などの無植生地における潜在自然植生の形成は，「いのちの森づくり」運動を展開している宮脇昭先生の活動によって実践されています．マウンドを造成したうえで土壌改良を行い，気候的極相林をコンテナ植物による密植で形成する手法で，国内外で広く行われ，環境保全林形成として実績を積んでいます．

　コンテナ植物は極相林の林冠構成種のほか，亜高木層，低木層の樹種も選択でき，縁には林縁植生として低木種や花木類などを導入しています．課題となるのは，極相種を植栽して森の様相を呈しても，生態系が機能し始めるには時間がかかり，ニッチを埋めるほかの生物が定着して安定するまで，下草刈りなどの管理が必要なことです．また，密植により過度の種間および種内競争が生じた場合は，間伐などが必要になることもあり，モニタリングを通して対応していくことが肝要です．

写真38.「いのちの森づくり2020」活動による植樹祭　神奈川県秦野市

（2）薪炭林の管理と再生

　常緑広葉樹林帯に残されている薪炭林は，戦後放置が進み，林冠部はクヌギやコナラの夏緑広葉樹でも，林内にはヒサカキやアオキなどの常緑広葉樹やアズマネザサが繁茂し，被陰された林床には薪炭林を彩ったコウヤボウキ，シラヤマギク，ヤブレガサ，リュウノウギク，イチヤクソウ，オオバギボウシ，ヤマユリ，チゴユリ，ホウチャクソウ，キンラン，ギンラン，エビネ，ヒカゲスゲ，ノガリヤスはもう残されていません．しかしまだ，林縁にコゴメウツギ，ウグイスカグラ，コウヤボウキなどがかろうじて残っていれば，伐採や落ち葉掻きによって光環境を改善し，雑木林の種の発芽や成長を促して元のクヌギ・コナラの薪炭林に戻すことができるかもしれません．

写真39．林縁部のコウヤボウキ　神奈川県二宮町

　もともと伐採と落ち葉掻きによって管理されていたクヌギ・コナラの薪炭林の林床は明るく，森林性の種のほかにも草原性，林縁性の植物が多く出現しています．関東地方では沿海部のオニシバリ－コナラ群集，洪積台地のクヌギ－コナラ群集，内陸丘陵のクリ－コナラ群集が代表的な薪炭林ですが，放棄によりそれぞれ，ヤブコウジ－スダジイ群集，シラカシ群集，サカキ－ウラジロガシ群集に遷移していきます．

　オニシバリ－コナラ群集では常緑植物の勢いが強く，放棄によりアオキ，ヒサカキ，ヤブラン，さらにシロダモ，タブノキ，アカガシ，スダジイなど，果肉を持った液果は鳥類によって持ち込まれ，近隣から小動物によってドン

写真40. 伐採と落ち葉掻きにより維持される薪炭林

グリなどの堅果も持ち込まれて遷移が進みます．したがって，常緑広葉樹林の再生は比較的容易で，放棄した状態でも組成的には4，50年ほどでヤブコウジースダジイ群集に到達できるようです．

遷移を止めて元の薪炭林に戻すには，侵入する常緑植物を絶えず刈り払わなければなりません．以前やっていたような毎年の落ち葉掻きを行う必要があります．また，コナラやオオシマザクラなどの高木種の伐採によって空間が開き過ぎると，アカメガシワやカラスザンショウ，ハゼノキなどの先駆性陽樹の勢いがつき，陽樹林になってしまいます．オニシバリ－コナラ群集の指標的な種にはオニシバリ，カマツカ，オカイボタ，コバノガマズミ，コゴメウツギ，マルバウツギ，コバノタツナミソウ，ナキリスゲ，ノガリヤスなどがあり，これらの種の増加が薪炭林復元の目安になります．

クヌギ－コナラ群集においては，放棄によってアズマネザサが優占，かつ草丈も高くなることで，林床の夏緑性植物が消えていきます．次のステージでは，シラカシ，ヒサカキ，ツルグミ，シュロ，チャノキ，マンリョウ，オモト，ヤブランなどの常緑植物が侵入してシラカシ群集に遷移していきます．したがって，クヌギ－コナラ群集に戻すためには，アズマネザサの勢いをそぐ目的で，年に2回ほど，夏と冬にササ刈りをする必要があります．

アズマネザサが繁茂するとヤマコウバシ，ガマズミ，ウグイスカグラ，コゴメウツギ，アキノタムラソウ，シラヤマギク，オオバギボウシ，ホウチャクソウ，チゴユリ，ケスゲ，ヒカゲスゲ，キンラン，ギンランなどのクヌギ－コナラ群集の構成種は林縁部に押し出されていきますが，消失する前に立地が改善されれば，林縁部から林内に広げて再生することが可能です．

また，アズマネザサを刈り取り，光環境を改善することで，残された株や
埋土種子から発芽，再生する種も出てくると思います．しかし，近郊都市に
残された断片的な林分では，すでにこれらの種が消えてしまっているところ
もあり，近場からの移植による復元も考える必要があります．

　クリーコナラ群集は比較的内陸の標高の高い300〜800mに成立し，関東山
地の薪炭林を代表しています．亜高木層にはウリカデ，ウリハダカエデ，マ
ルバアオダモ，リョウブ，ネジキ，低木層にはヤマウグイスカグラ，オトコ
ヨウゾメ，ナツハゼ，ヤマツツジ，クロモジ，ツクバネウツギ，ナガバノコ
ウヤボウキ，モミ，草本層にはオクモミジハグマ，チゴユリ，イチヤクソウ，
ミヤマウズラ，ホソバヒカゲスゲなどが出現しています（口絵写真22）．標
高的に夏緑広葉樹林帯に近いことから，常緑広葉樹林に戻る復元力は弱いよ
うです．向陽地にアセビ，アラカシ，ツルグミ，ソヨゴ，イヌツゲなどの常
緑樹が侵入・定着し，次にモミ，ヤブツバキ，ヒサカキ，サカキ，シキミ，
イヌガシ，ウラジロガシ，アカガシが出現し，放棄が続けばサカキ−ウラジ
ロガシ群集に遷移します．

　遷移を止めて薪炭林を維持する場合，侵入する常緑植物を排除し，落ち葉
掻きによる光環境の確保と有機物の持ち出しという集約的な管理が必要とな
ります．すなわち，一定量の幹や落葉・落枝というバイオマスを持ち出して
利用することが前提となります．また，薪炭林に生じるクリ，オケラ，ツリ
ガネニンジン（トトキ），ヤマノイモ，キノコ類などの山菜も林産物で括ら
れるバイオマスの一つとなります．

　薪炭林は集約的な管理によって維持される代償植生で，本来の群落環を構
成する植物群落ではなく，偏向遷移によってもたらされた萌芽性があり，火
持ちの良いブナ科落葉樹が林冠木になり維持されています．したがって，管
理放棄されると，本来の群落環に戻る力が働き，常緑植物が増加していきま
すが，光環境が良いと先駆的な陽樹が侵入することもあり，オニシバリ−コ
ナラ群集であればアカメガシワ，ハゼノキ，ヤマハゼ，エゴノキ，オオシマ
ザクラ，クヌギ−コナラ群集ではイヌシデ，ミズキ，エゴノキ，ヤマザクラ，
クリ−コナラ群集であればホオノキ，ヨグソミネバリ，アカシデ，ヤシャブ
シが出現してきます．

　極相林化の進む薪炭林の管理は，手入れの行き届いた薪炭林にするのか，
極相林に戻すのか，管理目標を最初に決めておかなければなりません．その

決定によって管理の仕方が変わってきます．関東地方の薪炭林を例に話を進めてきましたが，関西，中国，四国，九州地方の薪炭林についても同じことが言えます．関西以西のネザサ－コナラ群集，日本海側のオクチョウジザクラ－コナラ群集，中国のノグルミ－アベマキ群集などが，常緑広葉樹林帯（ヤブツバキクラス域）の薪炭林として挙げられます．

　また，温暖な沿海部や奄美・沖縄では夏緑性の薪炭林にならず，常緑広葉樹萌芽林（スダジイ・コジイ・アラカシ萌芽林）が成立する地域もあります．

写真41．スダジイの常緑広葉樹二次林　福岡県大島中津宮

　冷温帯の薪炭林はミズナラの萌芽林となり，ブナやイヌブナ林の代償植生に位置付けられています．山奥では現場で炭を焼き，軽くして持ち出す必要があり，炭焼き窯跡が谷筋の窪地でよく見つかります．その場所では窯の土台となる適当なサイズの石が手に入りやすく，風当たりも強くないためと思われます．

　ミズナラの優占する薪炭林は，中国地方にクリ－ミズナラ群集，中部から東日本にフクオウソウ－ミズナラ群集，日本海側多雪地にオオバクロモジ－ミズナラ群集，北海道にサワシバ－ミズナラ群集があります（口絵写真23）．

（3）先駆性陽樹林の再生と管理

　倒木や伐採跡地，農耕地が放棄されると藪化し，やがて先駆性陽樹林で覆われることになります．藪化とはつる植物や林縁性低木が繁茂している状態

で，常緑広葉樹林帯ですとスイカズラ，ヘクソカズラ，センニンソウ，ボタンヅル，トコロ，ヤマノイモ，アケビ，オオバウマノスズクサ，ツルウメモドキ，ノブドウ，エビヅルなどのつる植物がヤマグワ，コウゾ，マユミ，ウツギ，ムラサキシキブ，キブシ，イヌザンショウなどの低木類に絡みついています．また，アズマネザサ，ネザサ，メダケなどが密に生えることもあります．

　代表的な先駆性陽樹にはアカメガシワ，カラスザンショウ，ハゼノキ，ヤマハゼ，ヌルデ，ヤマウルシ，イイギリ，ネムノキ，イヌシデ，クサギ，ゴンズイ，エゴノキ，ミズキなどが里山では普通に見られます．この中で優占林を形成するのはアカメガシワ，カラスザンショウ，イヌシデ，ミズキなどで，アカメガシワはスダジイ林，カラスザンショウとミズキ，そして陽樹的性質のあるムクノキ，エノキはタブノキ林，イヌシデはシラカシ・ウラジロガシ林との結びつきが強そうです．

　先駆性陽樹林は成長が早い代わりに，寿命が短く，5〜10年で成林したあと，20〜30年持続したあとに次のステージの常緑広葉樹林に移り変わっていきます．種子は鳥散布，もしくは風散布で持ち込まれて，向陽地で一斉に発芽，定着します．攪乱によっていたるところに出現しますが，管理が難しく，成長した林分が強風などで倒木して，被害を出すこともあります．したがって，被害が出そうな場所では斜面放置林として把握し，事前の対応策を考えておくことが必要です．先駆性陽樹を若木段階で切り取り，稚樹を抜き取る等して，若齢林の状態から遷移を進めないことが肝要です．

　東北地方北部や北海道，あるいは高海抜地の夏緑広葉樹林帯では，ヤマハンノキ，ヤシャブシ，ウダイカンバ，シラカンバ，ヨグソミネバリ，クマシデ，サワシバ，イタヤカエデ類，ウリハダカエデなどで構成された先駆性陽樹林が成立します．

写真42. サワグル
ミ林の二次林とな
るウダイカンバ・
ヤマハンノキ林
福島県西吾妻

　また，太平洋側山地に偏ってヒメシャラ，ヒコサンヒメシャラなども先駆
性陽樹林を形成します．とくに，ヒメシャラは先駆性でありながらブナとと
もに成長して褐色の木肌の目立つ樹林を形成します（口絵写真24）．

（4）林縁の管理と再生
　森林の再生の時に気をつけたいのが，林縁部の再生を同時に行うことです．
森と林縁部の植生は共生の関係にあります．陰湿な林内は湿度が保たれてお
り，林縁から直射光や風の吹込みによる乾燥，あるいは草原性動物の侵入を
拒むのに林縁部のつる・低木群落は役立っています．
　林縁部の植生には，森から栄養塩類と，林縁という空間，半陰地という環
境が提供されています．これらウツギ類は，林縁空間に適応した分岐型の低
木類，木本つる植物が群落を構成し，中には有棘植物も多く，動物の侵入を
妨げます．多くの林縁植物は鳥散布か風散布で定着しますが，林縁，いわゆ
る藪は鳥類の採餌と営巣という生活の場でもあり，お互いに共生関係となり
ます．
　分岐型の低木類にはウツギ（空木）と名の付く植物が多く，ウツギをはじ
めとして，マルバウツギ，ヒメウツギ，コガクウツギ，バイカウツギ，コゴ
メウツギ，ハコネウツギ，ミツバウツギなどが関東の里山に見られます．ウ
ツギ類は，分岐して空間を占有するために，早く生長する必要があり，中空
の木質化した枝を持つという，分類学的に異なる種が環境に適応して似たよ

うな形質を獲得する「収れん」という現象が見られます．マルバウツギ，ヒメウツギ，コガクウツギ，バイカウツギはアジサイ科，コゴメウツギはバラ科，ハコネウツギはスイカズラ科，ミツバウツギはミツバウツギ科に属します．

　ほかの分岐型には，ヤマグワ，コウゾ，マユミ，ガマズミ，ムラサキシキブ，サンショウなどがあります．また，林縁には棘のあるキイチゴ属のような半つる植物も多く，モミジイチゴ，ニガイチゴ，クマイチゴ，ナワシロイチゴ，エビガライチゴ，海岸にはカジイチゴがあります．同じバラ科のヤマブキ，イラクサ科のヤナギイチゴも半つる植物の一つです．

　つる植物にも多くの種があり，木本植物ではブドウ科のノブドウ，エビヅル，ナツヅタ，スイカズラ科のスイカズラ，ウマノスズクサ科のオオバウマノスズクサ，ツヅラフジ科のカミエビ，アケビ科のアケビ，ミツバアケビ，ニシキギ科のツルウメモドキ，マタタビ科のマタタビ，サルナシなどがあります．草本植物ではキンポウゲ科のセンニンソウ，ハンショウヅル，アカネ科のアカネやヘクソカズラなどが普通です．残念な名前のヘクソカズラには，スカンクと同じメルカプタンという物質が葉に含まれているため，別名のサオトメカズラを使う人は少ないようです．

　林縁部を再生するときに気を付けることはつる植物の取り扱いです．繁茂してほかの樹種を被覆してしまうことがあるので，植栽による積極的導入は必要ないと思います．また，空間的には前面に半つる植物，次に分岐型低木を配して森につなげると良いでしょう．樹種は光環境，土質などに嗜好性があるので，適材適所を考えて配植し，最初は活着しやすい，ウツギ，コゴメウツギ，ムラサキシキブ，ヤマグワなどを核にして林縁部を作り，自然散布で種が増加し，多様で安定した構造になっていくのを待つのが良いでしょう．

　植物が増えると，それを食草とする動物も増加し，人に嫌われる生き物も出現しますが，生態系が機能することで食物連鎖上の捕食関係が成り立ち，特定の種の大発生が長く続くことはありません．天敵によって個体数が調整されていきます．

2）草地の管理と再生

　里山の広がりの中で最も多様なのが草地なのかもしれません．一年生草本植生と多年生草本植生があり，一年生草本植生は集約的な管理が行なわれる農耕地，撹乱の頻繁な造成地などに成立し，土壌の水分や栄養塩類などの無

機的環境と人為的影響の程度を指標しています．水田では季節による管理の変化に合わせて植生も変化し，春季のノミノフスマ－ケキツネノボタン群集（乾田）とスズメノテッポウ－タガラシ群集（湿田）は，耕起，湛水とともに夏季のウリカワ－コナギ群集に遷移します．落水後の刈り取りの跡地には，秋季になるとスズメノカタビラ，スズメノテッポウ，タネツケバナなどの発芽が始まります．

　かつてはゲンゲを播種してピンクに染まる春季相が特徴でしたが，化学肥料に置き換えられて，いわゆるレンゲ畑は少なくなりました．ノミノフスマ－ケキツネノボタン群集とウリカワ－コナギ群集の出現は，健全に水田耕作が行われていることの指標で，耕作が放棄された途端，これらの水田雑草群落は消失し，チゴザサなどの低茎な多年生草本群落からヨシなどの高茎な多年生草本群落へと遷移が進み始めます．

　遷移の進み方は乾田と湿田では異なります．乾田では，ノミノフスマ－ケキツネノボタン群集からミゾカクシ－オオジシバリ群集⇒ナガバギシギシ－ギシギシ群集⇒タチヤナギ群集⇒ムクノキ－エノキ群集という遷移モデルが考えられます．遷移モデルの検証では，原発事故により放棄を余儀なくされた福島県浪江町において，多くの水田でタチヤナギ群集までの確認ができて

います．乾燥が強ければ，ミゾカクシ－オオジシバリ群集からセイタカアワダチソウ群落⇒ヤマグワ・コウゾ群落⇒ミゾシダ－ミズキ群落⇒イノデ－タブノキ群集への遷移モデルも考えられます．

　湿田では，スズメノテッポウ－タガラシ群集からオオイヌタデ－クマビエ群落（オオクサキビ－ヤナギタデ群集）・ミゾソバ群集⇒チゴザサ－アゼスゲ群集・サンカクイ－コガマ群集・

写真43. ゲンゲの播種された春の水田　この後，耕起される

コウキヤガラ群集⇒タチヤナギ群集へ遷移する事例が福島県南相馬市で確認されており，その後はオニスゲ−ハンノキ群集の成立が予想されます．このように水田の放棄によって水田雑草群落は消失し，水田景観は簡単に崩壊してしまいます．そして宿根性のヨシクラスやヨモギクラスの植生に移行してしまうと，ヨシやセイタカアワダチソウなどの地下茎が広がり，元の水田に戻すのは容易ではありません．

　畑地には春季と夏季で異なる一年生草本群落，いわゆる畑地雑草群落が成立します．いずれも小形で，短期間で発芽から結実までを完了するという集約的管理に順応した形態を有しています．したがって，耕作を止めればこれらの植物は消えるため，厄介な畑の雑草でも耕作を指標する植生となるのです．

　春季に出現するホトケノザ−コハコベ群集は，冷涼な気候に合わせて出現し，欧州の畑地から日本に帰化してきています．コハコベ，オランダミミナグサ，ホトケノザ，ヒメオドリコソウ，ノゲシ，ノボロギク，オオイヌノフグリなどがあります．これらの種は秋季に発芽して越冬し，春季に最盛期を迎える越年生植物で，対照的に，夏季の高温期に出現するカラスビシャク−ニシキソウ群集の構成種のスベリヒユ，ザクロソウ，クルマバザクロソウ，ウリクサ，コゴメガヤツリは，アジアの熱帯からの史前帰化植物です．

写真44．春季雑草のホトケノザ−コハコベ群集　神奈川県中井町

　畑地雑草群落も以上のように季節ですみ分けているのです（写真6参照）．
　畑地雑草群落は近年，畑以外の造成地，路傍，土手などにも多く見られる

ようになりました．原因として，富栄養化と撹乱頻度の高さがあります．特
に土手では，宿根性のススキクラスやヨモギクラスの植生が後退して，シロ
ザクラスのホトケノザ－コハコベ群集に占有されている場所を多く見ます．
かつては6月以降の草刈りと秋季から春季の土手焼きによって宿根性の多年
生草本群落が維持され，土手の保全ができていましたが，最近は便利な草刈
り機による頻繁な草刈りによって宿根性の植物が衰退し，土手の崩壊が見ら
れるようになりました．

　健全な土手の草地管理のためには草刈りを6月以降に1，2回とし，でき
れば木本植物の侵入を防ぐために火入れを併用するのが望ましい伝統的な管
理の仕方です．土手に見られるような多年生草本植物群落の管理は，刈り取
りや火入れによって行われてきました．多くの植生は遷移途上の二次草原で
あるために，持続させるための管理が必要なのです．

　一般的な多年生草本植物群落はススキクラス(乾生立地)，ヨモギクラス(適
潤な中庸立地)，オオバコクラス（河川敷および踏圧下)，ヨシクラス（湿生
立地)，にまとめられています．これらの二次草原は刈り取りなど，同じ管
理が繰り返し行われることにより，持続します．

　例えばススキは造成後，日当たりが良く，乾燥した場所であれば4，5年
で優占してきます．その後はしかし，アズマネザサ，クズ，ウツギ，ヤマグ
ワ，クサギ，ヌルデ，アカメガシワ，ネムノキなどの木本植物の侵入が始ま
り，ススキは衰退していきます．ススキ草地は進行遷移によって森林に向か
うステージの一つに過ぎないからです．

　そこで，ススキ草地の草刈りと火入れを維持すると，遷移が止まるととも
にススキの繁茂も抑えることができ，徐々にチガヤ，トダシバ，ナンバンギ
セル，ノコンギク，ミツバツチグリ，ワラビなど，ススキクラスの植物が増
加していきます．さらに時間の経過とともにアブラススキ，オオアブラスス
キ，ヒメアブラススキ，メガルガヤ，オガルガヤ，ヒキヨモギ，ツリガネニ
ンジン，アキカラマツ，ワレモコウ，オトギリソウ，キジムシロ，オカトラ
ノオ，タイアザミ，ヤマハギが侵入してきます．

　種子の供給源が近くにあればリンドウ，オミナエシ，オキナグサ，キキョ
ウ，スズサイコ，ヒメハギ，タムラソウ，ホクチアザミ（西日本)，キクア
ザミ，カセンソウなどの出現する多様な草原になっていきます．

　かつての茅場には，長い年月に亘るカヤの利用により，多様性の大きなホ

クチアザミ－ススキ群集（西日本），トダシバ－ススキ群集（東海以北），冷温帯ではノハナショウブ－ススキ群集などが里山の身近な風景の一つになっていました（口絵写真25）.

今日ではそのような草地を見つけるのは奇跡的ですが，福島県南相馬市のため池の側にあった猫の額ほどの草地（トダシバ－ススキ群集）にススキ，トダシバ，オオアブラススキ，ワレモコウ，ネコハギ，ミツバツチグリ，ツリガネニンジン，ノコンギク，ワラビ，タカトウダイ，オカトラノオ，ノダケ，アキカラマツ，イヌヨモギ，ノガリヤス，オトギリソウ，オミナエシ，キキョウ，アリノトウグサ，タムラソウ，チダケサシ，ショウジョウスゲ，ヤマハギ，サルトリイバラ，ノアザミ，スズメノヤリ，タイアザミ，ネジバナ，フタバハギ，オオバギボウシ，ハルガヤ，アキノキリンソウ，サワヒヨドリ，ネバリノギラン，シラヤマギク，ウメモドキ，ウメバチソウなどの貴重種を含む57種を確認することができました（口絵写真26）.

この場所はため池と後背のアカマツ林に挟まれた日当たりの良い草地ですが，恐らく江戸の頃より火入れや草刈りによる同じような管理が続いていたと思われます. また，アカマツ林から判るようにやせ地であることも大事です.

ススキクラスの植生は貧栄養な土壌環境が必要で，富栄養化するとヨモギクラスのカラムシやセイタカアワダチソウの群落に替わってしまいます. しかし，そのような草地も管理が放棄されれば遷移が進行して木本植物が侵入し，豊かな草原の植物相は消えてしまいます.

ススキ草地が少し残されていれば，年に2回の刈り取りを再開することで，消えつつあるススキクラスの種の個体数も増加し，また，埋土種子の発芽・成長も期待できます. 回復が十分でない場合は，近隣のススキ草地より種子や少数の株を移植することも選択肢の一つです.

ヨモギクラスの二次草原には日向型と日陰型があります. 日向型は田の畦や小川沿いの土手に見られ，ススキクラスに比較して湿気のある土壌に成立しています. 代表的な植生はユウガギク－ヨモギ群集で，ヨモギ，ヒナタイノコヅチ，ユウガギク，ヨメナ，カラムシ，ヤブマオ，セイタカアワダチソウが普通種で，畦では秋季にマンジュシャゲの赤花の季相が出現します.

土手では乾燥したやせ地にススキクラスの植生，湿った栄養塩類の多い場所にヨモギクラスの植生がすみわけて成立します. もちろん，刈り取りや火入れなどによって維持されますが，近年は火入れも刈られた草の搬出もなく

なり，里山の富栄養化が進んでヨモギクラスの勢力が拡大しているような気がします．

　日陰型は林縁の低木群落に沿って帯状に発達し，適潤な土壌環境のもとに見られます．優占種はクサコアカソ（太平洋側），アカソ（日本海側），メヤブマオ，イラクサなどのイラクサ科が多く，ほかにヨモギ，ヒカゲイノコヅチ，ウマノミツバ，ミツバ，ミズヒキ，ドクダミ，ヌスビトハギ，フジカンゾウ，ツルカノコソウ，ダイコンソウ，ヤブヘビイチゴなどが出現します（写真29参照）．

　林縁部に成立するためにつる・低木群落をマント群落，ヨモギクラスの草本群落をソデ，もしくはスソ群落と呼ぶときもあります．森を護るマントとその袖という意味です．代表的なソデ群落のチヂミザサ－ドクダミ群集（ミズヒキ－ドクダミ群団）は，林縁部に十分な広さがあると成立しますが，人の往来が多いと断片的は植分となってしまいます．

　オオバコクラスは一般に踏み跡植生として知られています．農道などで，踏圧に適応したオオバコ，セイヨウタンポポ，シロツメクサ，ノチドメ，ヘビイチゴ，オオジシバリなどロゼット型，匍匐型の生育形からなるミゾカクシ－オオジシバリ群集が代表的です．この二次草原の構成種の多くは本来，河川敷にあったとされています．流水に抵抗するために獲得したロゼット型，匍匐型という形態が，踏圧下にもうまく適応することができて，二次的に広がったと理解されています(図32)．したがって，踏圧が無くなると，カゼクサやチカラシバのような背丈のある叢生

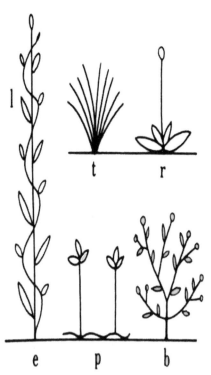

図32．生育形（沼田 1987）
e：直立型；t：叢生型；r：ロゼット型；p：匍匐型；b：分岐型.

型の植物が侵入して，背の
低いオオバコなどは消えて
しまいます．また，逆に踏
圧の頻度が高まると，一年
生草本のミチヤナギ，スズ
メノカタビラ，オヒシバ，
アキメヒシバなどに退行し
てしまいます．適度な踏圧
がオオバコクラスの植生の
維持には必要です．
　ヨシクラスの二次草原で

写真45．水田放棄後に侵入したヨシクラスの植生
群馬県川場村

代表的なのは低湿地帯や河
川敷の茅場で，ヨシ刈りが行われていました．関東地方では霞ヶ浦や千葉の
茂原などの低湿地には広くヨシ原が残されていましたが，カヤの需要が無く
なり，灌漑排水による土地利用の変化，埋め立て，生活排水の流入による水
質低下などで減少しています．増加しているのは水田の耕作放棄によって，
特に湿田では数年でヨシ群落が成立しています．このヨシ群落も放置が続け
ば，イヌコリヤナギ，タチヤナギ，ジャヤナギなどが侵入してヤナギの低木
林になり，施肥の無い状態では栄養塩類が減少してハンノキ林に遷移してい
くと思われます．水田の再利用を考えるのであれば，ヨシ群落のステージで
除根を行う必要がありますが，元の水田に戻すのには大変な作業を伴います．
　里山の池沼や小川には，抽水植物のヨシ群団，浮葉・沈水葉のリュウノヒ
ゲモクラス（オヒルムシロクラス），淡水干潟のヒメミズニラ－矮性イグサ
クラスなどの自然草原も多少見られます．これらの湿生草原は，止水・流水，
水質，水深の変化など，水環境の違いによって異なりますが，多くは貧栄養
から中栄養の水質を指標していて，人為的に富栄養化が進むと消えてしまい
ます．
　里山のため池や小川にはかつて自然な湿生草原が見られ，魚類，両生類，
水生昆虫の豊かな生物社会が築かれていました．しかし，戦後の化学肥料の
導入による富栄養化と農薬の使用で消えていきました．身近にあった止水域，
流水域の生態系が失われて，その象徴的なゲンジボタル，ヘイケボタル，ゲ
ンゴロウ，タガメなどは絶滅危惧種になりました．

しかし，絶滅したわけではなく，水環境を戻すことによって生態系が再構築されれば，生物共同体は再生されます．様々な水環境の創出と減農薬，有機堆肥の利用によって，山麓や谷戸に生物共同体の避難場所を設け，失われた里山の自然を再生することから始めるのが大事です．

　ヨシ群団にはマアザミ，シロネ，コシロネ，ヌマトラノオ，ミズオトギリ，クサレダマ，ヤナギトラノオ，ウキヤガラ，コウキヤガラ，サンカクイ，フトイ，アブラガヤ，アゼスゲ，カサスゲ，ミヤマシラスゲ，マコモ，ショウブなどの種があります．

　水深がヨシ群団より深い場所に成立するリュウノヒゲモクラスにはフトヒルムシロ，エビモ，クロモ，ササバモ，ミクリ，ヤマトミクリ，ヒシ，ガガブタ，ヒメシロアサザ，トチカガミ，ジュンサイなどの種があります．水深が浅く，水位の変動がある場所に見られるヒメミズニラ－矮性イグサクラスにはミズニラ，ミズオオバコ，トゲリモ，デンジソウ，キクモなどが，さらに水際には小形のサワトウガラシ，アゼトウガラシ，シロガヤツリ，アオガヤツリ，ミズハナビ，ヒナガヤツリ，ヒンジガヤツリなどの一年生草本植物が出現します．これらの植生は播種，あるいは植栽により定着させることは難しく，自然湧水の質や温度，光条件などの環境を整えて種の出現を待つしかありません．

3）植生復元で里山を再生する具体的提案

　植生の復元には目標とする植物群集に誘導するように既存植生を管理し，遷移を促すことが大事です．しかし，都会の無植生地のような場所では，植栽による植生復元が必要だと考えます．目標とする植物群集の構成種の中から活着しやすい種を選択して，コンテナ植物（ポット苗）のような扱いやすいサイズで植栽するのが良く，植栽樹種を植木市場に求めることができます（日本植木協会コンテナ部会編 2008）．最近では生産履歴も表示されているため，遺伝子の撹乱を心配する必要がありません．

　また，日本では森林の生態系管理の認証を受けた森林から幼木や草本類を取り出して利用することが認められています．例えば植林下に自生する高木の幼木，低木類や草本類は時として下草刈りの対象となりますが，搬出することで自然再生の利用価値が出てきます．これらの種の多くは市場に出回っていないので，森林再生に貢献できます．自生地より搬出された植物は一定

期間苗圃で養生して移動可能なコンテナ植物として利用されます．日本の
FSCによる森林認証制度とは，適正に管理された森林から産出した木材など
に認証マークを付けることによって，持続可能な森林の利用と保護を図ろう
とする制度です．ドイツで森林管理協議会：Forest Stewardship Councilに
よって制度化されており，日本でも各県で認証が行われています．宮城県の
南三陸町ではFSCによる認証を受けており，スギ・ヒノキ植林内に自生する
樹種を利用した森林再生が始まっています．

　コンテナ植物の植栽による植生復元について具体的にまとめてみたいと思
います．適正樹種は目標とする植生によって異なり，クラスごとに振り分け
て表１－10に示しています．クラスの中では里山に見られる主だった植生単
位をあげて，植栽可能種とその植栽割合を記載しています．

　植栽可能種の選別は，その植生単位の特徴的な種というより，根が付きや
すく安定した成長が見込まれる種を優先し，植栽割合も多くしています．な
ぜなら成長して構造的に安定した森林形態をとるようになれば，ほかの構成
種も定着しやすくなり，植物だけでなく動物種，菌類なども定着して生態系
の回復が早く進むことが期待されるからです．それは低木林や草原に対して
も同じことが言えます．また，植栽に合った土壌基盤の整備も重要であるた
め，クラスごとに土壌基盤など，環境の整備と植栽方法についても記載して
います．

①ヤブツバキクラスの植生
（表１）

　ブナクラスの代償植生，
クサギ－アカメガシワオー
ダー，タニウツギ－ヤシャ
ブシオーダーの森林植生が
すでにある場合は，林床に
植栽適正樹種を補植して行
います．ヤブツバキクラス
の常緑樹は陰樹なので光環
境への配慮は重要ではなく，
既存の低木層を間引いて空

写真46．陽樹林下に植栽された潜在自然植生構成種
NPO法人シルワ　神奈川県湘南国際村

表1．ヤブツバキクラス（常緑広葉樹林）の植生

植物群落	分　布	植栽適正樹種	形　態	生活形	植栽割合
ホソバカナワラビ－ス ダジイ群集	北九州・東海 南関東・房総 シイ・タブ林域	スダジイ	高木種	常緑広葉樹	6
		ホルトノキ	高木種	常緑広葉樹	1
		モチノキ	高木種	常緑広葉樹	1
		ヤマモモ	高木種	常緑広葉樹	1
		タブノキ	高木種	常緑広葉樹	0.5
		ヤブツバキ	亜高木種	常緑広葉樹	0.1
		シロダモ	亜高木種	常緑広葉樹	0.1
		ヤブニッケイ	亜高木種	常緑広葉樹	0.1
		カクレミノ	亜高木種	常緑広葉樹	0.1
		タイミンタチバナ	低木種	常緑広葉樹	0.1
ミミズバイ－スダジイ 群集	東海以西 シイ・タブ林域	スダジイ	高木種	常緑広葉樹	6
		アラカシ	高木種	常緑広葉樹	1
		ヤマモモ	高木種	常緑広葉樹	1
		タブノキ	高木種	常緑広葉樹	0.5
		カゴノキ	高木種	常緑広葉樹	0.5
		ヤブツバキ	亜高木種	常緑広葉樹	0.2
		シロダモ	亜高木種	常緑広葉樹	0.2
		ヤブニッケイ	亜高木種	常緑広葉樹	0.1
		タイミンタチバナ	低木種	常緑広葉樹	0.1
		モクタチバナ	低木種	常緑広葉樹	0.1
		ミミズバイ	低木種	常緑広葉樹	0.1
ヤブコウジ－スダジイ 群集	関東・南東北 シイ・タブ林域	スダジイ	高木種	常緑広葉樹	6
		アカガシ	高木種	常緑広葉樹	2
		モチノキ	高木種	常緑広葉樹	1
		ヤブツバキ	亜高木種	常緑広葉樹	0.5
		ヒサカキ	亜高木種	常緑広葉樹	0.3
		シロダモ	亜高木種	常緑広葉樹	0.2
ムサシアブミ－タブノ キ群集	四国・九州 シイ・タブ林域	タブノキ	高木種	常緑広葉樹	6
		カゴノキ	高木種	常緑広葉樹	1
		ナタオレノキ	高木種	常緑広葉樹	1
		アラカシ	高木種	常緑広葉樹	1
		イヌマキ	高木種	常緑広葉樹	0.5
		ヤブツバキ	亜高木種	常緑広葉樹	0.2
		シロダモ	亜高木種	常緑広葉樹	0.1
		ヤブニッケイ	亜高木種	常緑広葉樹	0.1
		カクレミノ	亜高木種	常緑広葉樹	0.1
イノデ－タブノキ群集	本州 シイ・タブ林域	タブノキ	高木種	常緑広葉樹	6
		スダジイ	高木種	常緑広葉樹	2
		エノキ	高木種	夏緑広葉樹	1
		ヤブツバキ	亜高木種	常緑広葉樹	0.5
		シロダモ	亜高木種	常緑広葉樹	0.2
		ヤブニッケイ	亜高木種	常緑広葉樹	0.2
		カクレミノ	亜高木種	常緑広葉樹	0.1
イチイガシ群集	東海以西 カシ・モミ林域	イチイガシ	高木種	常緑広葉樹	6
		ハナガカシ	高木種	常緑広葉樹	1
		ツクバネガシ	高木種	常緑広葉樹	1
		コジイ	高木種	常緑広葉樹	1
		ヤマモガシ	高木種	常緑広葉樹	0.1

		タブノキ	高木種	常緑広葉樹	0.1
		ヤブツバキ	亜高木種	常緑広葉樹	0.1
		サカキ	亜高木種	常緑広葉樹	0.1
		コバンモチ	亜高木種	常緑広葉樹	0.1
		トキワガキ	亜高木種	常緑広葉樹	0.1
		ヤマビワ	亜高木種	常緑広葉樹	0.1
		カンザブロウノキ	低木種	常緑広葉樹	0.1
		ルリミノキ	低木種	常緑広葉樹	0.1
イスノキ－ウラジロガシ群集	紀伊以西 カシ・モミ林域	ウラジロガシ	高木種	常緑広葉樹	6
		アカガシ	高木種	常緑広葉樹	1
		スダジイ	高木種	常緑広葉樹	1
		イスノキ	高木種	常緑広葉樹	1
		ヤブツバキ	亜高木種	常緑広葉樹	0.2
		サカキ	亜高木種	常緑広葉樹	0.2
		イヌガシ	亜高木種	常緑広葉樹	0.2
		シキミ	亜高木種	常緑広葉樹	0.2
		バリバリノキ	亜高木種	常緑広葉樹	0.2
サカキ－ウラジロガシ群集	東北南部以西 カシ・モミ林域	ウラジロガシ	高木種	常緑広葉樹	6
		アラカシ	高木種	常緑広葉樹	1
		ツクバネガシ	高木種	常緑広葉樹	1
		アカガシ	高木種	常緑広葉樹	1
		モミ	高木種	常緑針葉樹	0.2
		カヤ	高木種	常緑針葉樹	0.2
		ヤブツバキ	亜高木種	常緑広葉樹	0.2
		サカキ	亜高木種	常緑広葉樹	0.1
		イヌガシ	亜高木種	常緑広葉樹	0.1
		シキミ	亜高木種	常緑広葉樹	0.1
		アセビ	低木種	常緑広葉樹	0.1
シラカシ群集	関東・中国 カシ・モミ林域	シラカシ	高木種	常緑広葉樹	6
		アラカシ	高木種	常緑広葉樹	2
		ヤブツバキ	亜高木種	常緑広葉樹	1
		ヤブニッケイ	亜高木種	常緑広葉樹	0.2
		シロダモ	亜高木種	常緑広葉樹	0.2
		ヒサカキ	亜高木種	常緑広葉樹	0.2
		シュロ	亜高木種	常緑広葉樹	0.2
		ナンテン	低木種	常緑広葉樹	0.2

間を空け，密植せずに4㎡に1本程度で植栽します．液果を有する樹木は鳥散布で種子が供給されるので，クスノキ科，モチノキ科，ヤブコウジ科，アオキ科，モッコク科の樹種の植栽は減らしても問題はありません．

　無植生地に植栽する場合は土壌基盤を整える必要があります．宮脇方式による植栽手法により，マウンドを形成し，土壌改良をしたうえで密植により1㎡に4本程度で植栽します．コンテナ植物を使ってランダム植栽を行い，マルチングによる敷き藁で保湿と雑草防除の効果を上げます．成長に伴う個体間の競争で生じた不良な樹種を間引いて優良な樹種の成長を促します．樹高が5mほどになれば，林内の照度は下がり耐陰性のある常緑植物の定着が

可能になり，鳥散布による定着が期待されますが，都会のように種子の供給源がない場合は，低木種や草本種の植栽により多様性を大きくすることも考えられます．

②ブナクラスの代償植生（表2）

　里山の多くはヤブツバキクラス域にありますが，そこに見られるブナクラスの植生は薪炭林などの代償植生です．薪炭林利用が行われていた時代は，定期的な伐採や落ち葉掻きにより維持されていました．したがって，代償植生であるがゆえに管理が必要で，放棄すると常緑広葉樹林に向けて遷移が進んでしまいます．

　今日，クヌギ・コナラ林などかつての薪炭林を有する都市公園では，これらの夏緑広葉樹二次林を維持するために，市民団体や教育機関などの助けを借りて伐採や下草刈りを行っています．しかし，遷移が進んでしまい，林床がアオキ，ヒサカキ，キヅタなどで覆われてしまった林分では常緑植物を排除し，日光を入れて薪炭林の低木や草本類を再生させることが肝要です．時間が経過して種が消えた場合は，補植により増やしていくことが求められます．

　表2は無植生地にマウンドを形成し，新たに薪炭林を形成するときの種の割合で，定着しやすい種を多くしています．林内の補植には低木種と草本種を多くし，高木・亜高木種は高木層にすでにあるので必要ありません．低木種と草本種は植生単位により異なりますが，代表的な低木種にはマユミ，コマユミ，ツリバナ，カマツカ，ウグイスカグラ，ハナイカダ，ガマズミ，コバノガマズミ，ヤマツツジなど，草本種はアキノタムラソウ，ヤブレガサ，シラヤマギク，アキノキリンソウ，ヤマユリ，ナルコユリ，ミヤマナルコユリ，チゴユリ，ホウチャクソウ，ヒカゲスゲ，ホソバヒカゲスゲ，ケスゲ，ノガリヤス，ヤマカモジグサなどがあります．補植の難しいキンラン，ギンランなどの菌との共生が必要なランの仲間は，林内の環境が整ってきて出現するのを待つべきです．

③ヤシャブシ－タニウツギオーダーの植生（表3）

　風衝斜面や雪崩斜面，火山の一次遷移上に自然植生として成立するヤシャブシ－タニウツギオーダーの植生は，のり面や林縁，伐採跡地に代償植生を形成することで知られています．自然植生は風衝，雪崩，火山が制限要因と

表2．ブナクラス（夏緑広葉樹林）の植生

植物群落	分布	植栽適正樹種	形態	生活形	植栽割合
アベマキ―コナラ群集	東海以西				
		アベマキ	高木種	夏緑広葉樹	6
		コナラ	高木種	夏緑広葉樹	2
		クリ	高木種	夏緑広葉樹	1
		ノグルミ	高木種	夏緑広葉樹	0.5
		カスミザクラ	高木種	夏緑広葉樹	0.1
		ザイフリボク	亜高木種	夏緑広葉樹	0.2
		エゴノキ	高木種	夏緑広葉樹	0.1
クヌギ―コナラ群集	関東				
		クヌギ	高木種	夏緑広葉樹	5
		コナラ	高木種	夏緑広葉樹	3
		エゴノキ	高木種	夏緑広葉樹	0.5
		ヤマザクラ	高木種	夏緑広葉樹	0.5
		ウワミズザクラ	高木種	夏緑広葉樹	0.3
		イヌシデ	高木種	夏緑広葉樹	0.1
		アカシデ	高木種	夏緑広葉樹	0.1
オニシバリ―コナラ群集	南関東・東海				
		コナラ	高木種	夏緑広葉樹	6
		エンコウカエデ	高木種	夏緑広葉樹	1
		アカメガシワ	高木種	夏緑広葉樹	1
		イヌシデ	高木種	夏緑広葉樹	0.5
		マルバアオダモ	亜高木種	夏緑広葉樹	0.5
		イヌビワ	低木種	夏緑広葉樹	0.5
		ガマズミ	低木種	夏緑広葉樹	0.5
クリ―コナラ群集	近畿以東				
		コナラ	高木種	夏緑広葉樹	5
		クリ	高木種	夏緑広葉樹	2
		カスミザクラ	高木種	夏緑広葉樹	1
		イヌシデ	高木種	夏緑広葉樹	0.2
		ウリカエデ	亜高木種	夏緑広葉樹	0.2
		ウリハダカエデ	亜高木種	夏緑広葉樹	0.2
		マルバアオダモ	亜高木種	夏緑広葉樹	0.2
		マメザクラ	亜高木種	夏緑広葉樹	0.2
オクチョウジザクラ―コナラ群集	近畿				
		コナラ	高木種	夏緑広葉樹	5
		クリ	高木種	夏緑広葉樹	2
		カスミザクラ	高木種	夏緑広葉樹	1
		コハウチワカエデ	亜高木種	夏緑広葉樹	0.5
		リョウブ	亜高木種	夏緑広葉樹	0.5
		キンキマメザクラ	亜高木種	夏緑広葉樹	0.5
		オクチョウジザクラ	亜高木種	夏緑広葉樹	0.5
クリ―ミズナラ群集	中国				
		ミズナラ	高木種	夏緑広葉樹	6
		クリ	高木種	夏緑広葉樹	2
		イヌシデ	高木種	夏緑広葉樹	0.1
		クマシデ	高木種	夏緑広葉樹	0.1
		アカシデ	高木種	夏緑広葉樹	0.1
		カスミザクラ	高木種	夏緑広葉樹	0.5
		ホオノキ	高木種	夏緑広葉樹	0.5
		アオハダ	亜高木種	夏緑広葉樹	0.1
		リョウブ	亜高木種	夏緑広葉樹	0.1
フクオウソウ―ミズナラ群集	近畿以東				
		ミズナラ	高木種	夏緑広葉樹	6

植物群落	分布	植栽適正樹種	形　態	生活形	植栽割合
		クリ	高木種	夏緑広葉樹	2
		クマシデ	高木種	夏緑広葉樹	0.2
		アカシデ	高木種	夏緑広葉樹	0.2
		ホオノキ	高木種	夏緑広葉樹	0.5
		カスミザクラ	高木種	夏緑広葉樹	0.5
		アオハダ	亜高木種	夏緑広葉樹	0.3
		リョウブ	亜高木種	夏緑広葉樹	0.3
オオバクロモジ－ミズナラ群集	北陸・東北	ミズナラ	高木種	夏緑広葉樹	6
		クリ	高木種	夏緑広葉樹	2
		ベニイタヤ	高木種	夏緑広葉樹	0.2
		ハウチワカエデ	亜高木種	夏緑広葉樹	0.2
		コハウチワカエデ	亜高木種	夏緑広葉樹	0.3
		ウリハダカエデ	亜高木種	夏緑広葉樹	0.3
		タムシバ	亜高木種	夏緑広葉樹	0.5
		マルバマンサク	亜高木種	夏緑広葉樹	0.5
サワシバ－ミズナラ群集	東北・北海道	ミズナラ	高木種	夏緑広葉樹	6
		カシワ	高木種	夏緑広葉樹	1
		クリ	高木種	夏緑広葉樹	1
		サワシバ	亜高木種	夏緑広葉樹	0.5
		クマシデ	亜高木種	夏緑広葉樹	0.5
		エゾヤマザクラ	亜高木種	夏緑広葉樹	1

表3．タニウツギ－ヤシャブシオーダー（夏緑亜高木・低木林）の植生

植物群落	分　布	植栽適正樹種	形　態	生活形	植栽割合
カナクギノキ－ツクシヤブウツギ群落	九州・四国	ツクシヤブウツギ	低木種	夏緑広葉樹	4
		ヤブウツギ	低木種	夏緑広葉樹	1
		カナクギノキ	亜高木種	夏緑広葉樹	2
		ヤマヤナギ	亜高木種	夏緑広葉樹	2
		ヌルデ	亜高木種	夏緑広葉樹	1
ハコネウツギ－オオバヤシャブシ群集	関東・東海（伊豆）沿海部	ハコネウツギ	低木種	夏緑広葉樹	5
		オオバヤシャブシ	亜高木種	夏緑広葉樹	3
		ハチジョウキブシ	低木種	夏緑広葉樹	1
		イボタノキ	低木種	夏緑広葉樹	1
フジサンシキウツギ－マメザクラ群集	東海（富士山）	フジサンシキウツギ	低木種	夏緑広葉樹	5
		マメザクラ	亜高木種	夏緑広葉樹	2
		ノリウツギ	低木種	夏緑広葉樹	2
		サンショウバラ	低木種	夏緑広葉樹	1
		イヌザンショウ	低木種	夏緑広葉樹	1
センダイトウヒレン－ミヤマヤシャブシ群集	関東・東北(南部)	ミヤマヤシャブシ	亜高木種	夏緑広葉樹	5
		ニシキウツギ	低木種	夏緑広葉樹	3
		ノリウツギ	低木種	夏緑広葉樹	1
		アブラチャン	低木種	夏緑広葉樹	1
タニウツギ－ヤマハンノキ群集	本州日本海側	タニウツギ	低木種	夏緑広葉樹	5
		ヒメヤシャブシ	低木種	夏緑広葉樹	3
		ヤマハンノキ	亜高木種	夏緑広葉樹	1
		キツネヤナギ	亜高木種	夏緑広葉樹	1

して作用し，持続群落を成立させますが，里山に多い代償植生では遷移の進行により森林に取って替わられます．

タニウツギ属のツクシヤブツギは四国，九州，本州太平洋側の低標高のシイ・タブ林にはハコネウツギやヤブウツギ，中標高のカシ・モミ林にはフジサンシキウツギ，高標高のブナ帯にはニシキウツギがすみ分けています．したがって，里山に見られるのはツクシヤブウツギ，ヤブウツギ，ハコネウツギが多いようです．土壌の浅いのり面などに定着しやすく，それぞれの分布域を確認して植栽するのが良いでしょう．

④クサギーアカメガシワオーダーの植生（表４）

クサギ－アカメガシワオーダーの植生はヤブツバキクラス域に一般的な先駆性陽樹林で，伐採跡地などの向陽地では盛んに発芽・定着し，速い成長が見込まれます．したがって，植栽による植生復元にも有効ですが，実際，植栽されることはあまりありません．むしろ，放置された場所で大きくなった林分に倒木の危険がある場合，伐採による管理が必要になります．

ヤブツバキクラスの極相林を復元する際，土壌環境が悪く，常緑樹の成長が芳しくないと判断された場合，クサギ－アカメガシワオーダーの構成種を植栽し，速く生長した陽樹の樹冠下で常緑樹が確実に成長するのを期待する

表４．クサギーアカメガシワオーダー（夏緑亜高木林）の植生

植物群落	分布	植栽適正樹種	形態	生活形	植栽割合
クサイチゴータラノキ群集（クサギーアカメガシワ群落）	東北南部以西	アカメガシワ	亜高木種	夏緑広葉樹	4
		カラスザンショウ	高木種	夏緑広葉樹	1
		ハゼノキ	高木種	夏緑広葉樹	1
		ヤマハゼ	高木種	夏緑広葉樹	1
		ネムノキ	亜高木種	夏緑広葉樹	1
		クサギ	低木種	夏緑広葉樹	1
		ヌルデ	亜高木種	夏緑広葉樹	1
カラスザンショウ群落	東北南部以西	カラスザンショウ	高木種	夏緑広葉樹	6
		キブシ	低木種	夏緑広葉樹	1
		イヌビワ	低木種	夏緑広葉樹	1
		ゴンズイ	亜高木種	夏緑広葉樹	1
		ニワトコ	低木種	夏緑広葉樹	1
ミゾシダーミズキ群落	本州以西	ミズキ	高木種	夏緑広葉樹	6
		クマノミズキ	高木種	夏緑広葉樹	2
		イヌシデ	高木種	夏緑広葉樹	1
		イイギリ	高木種	夏緑広葉樹	1

こともできます.

⑤ノイバラクラスの植生（表5）

里山におけるノイバラクラスの植生は，雑木林や植林の林縁部に草原から森林へのエコトーンを形成しています．林縁部という限られた空間ですが，生物多様性が大きく，豊かな林縁ビオトープを形成しています.

つる植物，半つる植物，低木など異なる生育形の植物で構成されています.

表5. ノイバラクラス（つる・低木群落）の植生

植物群落	分 布	植栽適正樹種	形 態	生活形	植栽割合
カジイチゴ群集	関東以西 太平洋側 沿海地	カジイチゴ	半つる低木種	夏緑広葉樹	6
		ハチジョウイボタ	低木種	夏緑広葉樹	2
		オオムラサキシキブ	低木種	夏緑広葉樹	1
		エビヅル	つる植物	夏緑藤本	1
センニンソウ群集	関東以西 シイ・タブ林域	ウツギ	低木種	夏緑広葉樹	2
		ヤマグワ	低木種	夏緑広葉樹	2
		コウゾ	低木種	夏緑広葉樹	2
		ヤマテリハノイバラ	半つる低木種	夏緑藤本	2
		ノイバラ	半つる低木種	夏緑藤本	0.5
		ナワシロイチゴ	半つる低木種	夏緑藤本	0.5
		センニンソウ	つる植物	夏緑藤本	0.5
		エビヅル	つる植物	夏緑藤本	0.5
ボタンヅルーウツギ群落	本州以西 カシ・モミ林域	ウツギ	低木種	夏緑広葉樹	3
		コゴメウツギ	低木種	夏緑広葉樹	2
		キブシ	低木種	夏緑広葉樹	1
		ヤマグワ	低木種	夏緑広葉樹	1
		コウゾ	低木種	夏緑広葉樹	1
		イボタノキ	低木種	夏緑広葉樹	1
		ガマズミ	低木種	夏緑広葉樹	1
クサボタンーヤマブキ群集	本州・四国 畦畔域	サンショウ	低木種	夏緑広葉樹	2
		バイカウツギ	低木種	夏緑広葉樹	1
		ヒメウツギ	低木種	夏緑広葉樹	1
		マルバウツギ	低木種	夏緑広葉樹	2
		ヤマアジサイ	低木種	夏緑広葉樹	2
		コゴメウツギ	低木種	夏緑広葉樹	1
		クサボタン	低木種	夏緑広葉樹	1

エコトーン：水辺のように陸と水域の生物相が重なって豊かになる空間.

つる・低木林には液果を有する被食型の植物が多く，昆虫や鳥類の生息空間にもなっています．

　林縁植生は鳥散布によって持ち込まれた種子の発芽・定着によって発達するので，自然に任せておきますが，クズやトコロなどに覆いつくされると，ほかの種が被圧されるので刈り取って管理することも必要です．

　森林と道路が直接面して林縁が見られない場所や，新たに林縁を形成する場合，ウツギの仲間やヤマグワ，イボタノキ，ムラサキシキブなどを植栽し，つる植物の定着は自然に任せるのが良いです．

⑥ススキクラスの植生（表６）

　ススキクラスの植生は里山の身近な植生の一つでした．かつてはどこにでもあった茅場がその代表ですが，主な構成種は秋の七草で知ることができます．茅場の利用が無くなった今日でも空き地，土手や畔などに普通に見ることができます．しかし組成は豊かではなく，キキョウやオミナエシが咲き乱れるススキ草地はめったに見られません．

表６．ススキクラス（乾生多年生草原）の植生

植物群落	分布	植栽適正樹種	形態	生活形	植栽割合
トダシバ－ススキ群集	東北・関東東海				
		ススキ	多年生草本	分岐型	2
		トダシバ	多年生草本	分岐型	0.5
		オオアブラススキ	多年生草本	分岐型	0.5
		アブラススキ	多年生草本	分岐型	0.5
		ワレモコウ	多年生草本	直立型	1
		ツリガネニンジン	多年生草本	直立型	1
		アキカラマツ	多年生草本	直立型	1
		キキョウ	多年生草本	直立型	1
		オミナエシ	多年生草本	直立型	1
		ヤマハギ	多年生草本	分岐型	1
		キクアザミ	多年生草本	直立型	0.5
ホクチアザミ－ススキ群集	近畿以西				
		ススキ	多年生草本	分岐型	2
		トダシバ	多年生草本	分岐型	0.5
		オオアブラススキ	多年生草本	分岐型	0.5
		ヒメアブラススキ	多年生草本	分岐型	0.5
		メガルガヤ	多年生草本	分岐型	0.5
		オガルガヤ	多年生草本	分岐型	0.5
		ワレモコウ	多年生草本	直立型	1
		ツリガネニンジン	多年生草本	直立型	1
		アキカラマツ	多年生草本	直立型	1
		キキョウ	多年生草本	直立型	1
		オミナエシ	多年生草本	直立型	1
		ホクチアザミ	多年生草本	直立型	0.5

里山に残されている組成の豊かな草地は昔から草刈りと火入れという変わらぬ管理のもとに続いてきた草地です．したがって，組成の豊かな，言葉を変えれば生物多様性の大きな生態系の安定したススキ草地を復元するには，6月過ぎの草刈りと，出来れば晩秋の萱の刈り取りと早春の火入れを持続させるのが望ましいです．そのような草地は宿根性の植物に土壌基盤が覆われ，崩れにくく，保全効果も高まります．

　火入れは今日，難しいので木本植物の侵入を抑え，遷移が進まないようにするために丁寧な刈り取りを晩秋から早春の間で行い，年に2回の草刈りを持続させる必要があります．6月過ぎの草刈りはススキの勢いを削ぎ，ほかの植物が極端に被陰されないようにします．この時期の柔らかいススキの葉は青草とよばれ，牛馬の飼料となりました．冬の刈り取りは本来やるべき火入れの代わりの作業となり，木本植物を含めたバイオマスの除去でやせ地を維持することにあります．したがって刈り取った植物はすべて域外へ持ち出す必要があります．

　ススキ草地は日当たりの良い乾燥したやせ地に成立します．そのような状態を維持しながら，オミナエシ，リンドウ，ワレモコウなどのススキクラスの種を徐々に増やしていくのが良いでしょう．

　無植生地にススキ草地を造る場合は，日当たりの良い乾燥したやせた地盤を造成し，定着しやすいススキ，チガヤ，トダシバを植栽し，刈り取りを繰り返してススキの勢いを削ぎながらほかの種を増やしていくのが良いでしょう．補植する種は，できるだけ近場から得た株や種子を養生して使うようにします．

⑦ヨモギクラスの植生（表7）

　ヨモギクラスの植生は，路傍や畦などに沿って帯状に発達し，半陰地から向陽地まで光環境によって異なる植生が見られます．林縁部などの半陰地では，スソ（裾）群落ともいわれるミズヒキ－ドクダミ群団の植生，例えばドクダミ－ヤブミョウガ群集やツルカノコソウ－ノブキ群集，クサコアカソ群落を再生させることが考えられます．

　林縁に沿って幅50cmほどの空間を取り，半陰地下で適潤な土壌環境を維持させます．植栽を行わなくとも種子の供給源が近くにあれば，ミズヒキ－ドクダミ群団の種が増加していきます．近くに供給源が無い場合は活着しやす

表7．ヨモギクラス（適潤多年生草原）の植生

植物群落	分　布	環　境	植栽適正樹種	形　態	生活形	植栽割合
ユウガギク－ヨモギ群集	本州以西	日向				
			ヨモギ	多年生草本	直立型	3
			ユウガギク	多年生草本	直立型	2
			ゲンノショウコ	多年生草本	匍匐型	2
			ヒナタイノコズチ	多年生草本	直立型	1
			ヤブカンゾウ	多年生草本	分岐型	1
			キンミズヒキ	多年生草本	分岐型	1
カキドオシ－カラムシ群落	本州以西	日向				
			カラムシ	多年生草本	直立型	3
			ヨモギ	多年生草本	直立型	2
			ゲンノショウコ	多年生草本	匍匐型	2
			ヒナタイノコズチ	多年生草本	直立型	1
			カキドオシ	多年生草本	匍匐型	1
			カモジグサ	多年生草本	叢生型	1
アカソ－オオヨモギ群集	本州日本海側	林縁半蔭地				
			アカソ	多年生草本	直立型	3
			オオヨモギ	多年生草本	直立型	3
			クロバナヒキオコシ	多年生草本	直立型	1
			イタドリ	多年生草本	分岐型	1
			シシウド	多年生草本	直立型	1
			テンニンソウ	多年生草本	直立型	1
クサコアカソ群落	本州太平洋側	林縁半蔭地				
			クサコアカソ	多年生草本	直立型	2
			メヤブマオ	多年生草本	直立型	1
			ヌスビトハギ	多年生草本	直立型	1
			フジカンゾウ	多年生草本	直立型	1
			ヨモギ	多年生草本	直立型	1
			ミズヒキ	多年生草本	直立型	1
			ウマノミツバ	多年生草本	直立型	1
			ミツバ	多年生草本	直立型	1
			ヒカゲイノコズチ	多年生草本	直立型	1
ドクダミ－ヤブミョウガ群集	本州以西	半蔭地				
			ドクダミ	多年生草本	直立型	3
			ヤブミョウガ	多年生草本	直立型	1
			ウマノミツバ	多年生草本	直立型	2
			ミツバ	多年生草本	直立型	1
			ヒカゲイノコズチ	多年生草本	直立型	1
			フジカンゾウ	多年生草本	直立型	1
			ミズヒキ	多年生草本	直立型	1
ハナタデ－アシボソ群集	本州以西	林縁半蔭地				
			ハナタデ	一年生草本	直立型	3
			アシボソ	一年生草本	分岐型	3
			ササガヤ	一年生草本	分岐型	3
			チヂミザサ	多年生草本	分岐型	1

いミズヒキ，ドクダミ，ミツバ，クサコアカソなどを植栽，もしくは播種し，植被が60％を超えるようになれば，群落を特徴づけるウマノミツバ，ヌスビトハギ，ヤブミョウガ，ツルカノコソウ，シュウブンソウなどを補植，もしくは播種すると多様性が大きくなり，生態系も安定して管理は不要になり

ます.

畔や土手などの向陽地ではチカラシバ-ヨモギ群団のユウガギク，ヨモギ，ヒナタイノコズチ，ヤブカンゾウ，イタドリなどの在来種のほかに史前帰化植物のカラムシ，帰化植物のセイタカアワダチソウなどもすでに里山景観の属性の一つになりつつあります．日当たりが良く適潤な土壌基盤を整えてやれば，造成後2，3年でヨモギなどの侵入が始まります．そのままでは遷移が進んでヤマグワなど，ノイバラクラスの木本植物が入り始めるので，6月以降に一度，草刈りが必要になります．

⑧ヨシクラスの植生（表8）

里山におけるヨシクラスの植生は小川，池沼，水田放棄地などに見られますが，持続性のある植分と持続性の低い植分があります．小川や池沼などに成立する植分は自然植生に近く，持続性があることから種の多様性も大きく，

表8．ヨシクラス（湿生草原）の植生

植物群落	分布	環境	植栽適正樹種	形態	生活形	植栽割合
カサスゲ群集	全国	湿地				
			カサスゲ	多年生草本	叢生型	3
			オニナルコスゲ	多年生草本	叢生型	2
			アゼスゲ	多年生草本	叢生型	2
			ヨシ	多年生草本	直立型	2
			シロネ	多年生草本	直立型	0.5
			イヌスギナ	多年生草本	直立型	0.5
サンカクイ-コガマ群集	全国	湿地				
			サンカクイ	多年生草本	直立型	3
			コガマ	多年生草本	直立型	3
			ヨシ	多年生草本	直立型	2
			イ	多年生草本	叢生型	1
			サヤヌカグサ	多年生草本	分岐型	0.5
			ミクリ	多年生草本	直立型	0.5
ウキヤガラ-マコモ群集	全国	湿地				
			ウキヤガラ	多年生草本	直立型	2
			マコモ	多年生草本	直立型	3
			ヨシ	多年生草本	直立型	3
			フトイ	多年生草本	叢生型	0.5
			ヒメガマ	多年生草本	直立型	0.5
			ショウブ	多年生草本	直立型	0.5
			ミクリ	多年生草本	直立型	0.5
オギ-ヨシ群落	全国	湿地				
			オギ	多年生草本	直立型	3
			ヨシ	多年生草本	直立型	3
			ガマ	多年生草本	直立型	2
			シロネ	多年生草本	直立型	1
			イヌスギナ	多年生草本	直立型	1

多くのヨシクラスの種が出現します（口絵写真27）.

　陸域から解放水域へと植生の空間配分がハンノキクラス⇒ノイバラクラス（オノエヤナギクラス低木林）⇒ヨシクラス（抽水植物群落）⇒リュウノヒゲモクラス（浮葉・沈水葉植物群落）のように並び，移行帯にはエコトーンが形成されて豊かな水辺の景観となります.

　しかし，放棄されて２，３年を経た湿田ではヨシ，ガマ，チゴザサ，セリなどのヨシ群落が成立し，５，６年が経つとイヌコリヤナギ，タチヤナギ，アカメヤナギなどが侵入して低木林に遷移していきます. 水田放棄地に持続性の高いヨシ群落を作りたいのであれば，冬季に地上部の草刈りをして搬出する必要があります. それを繰り返すことによって時間とともに動植物が増加し，安定した湿原の生態系が構築されていきます.

　ヨシクラスの植生は，主に水深と水質によって植物群落が決まりますが，潜在自然植生を判定することは難しく，植栽による復元は気を付けないといけません. 湿原の環境を整えて，あとは自然の植物の定着に任せるのが適切なやり方です. 造成された無植生地盤ではタウコギクラスの一年生植物社会から遷移がスタートしますが，時間を早めるために活着しやすいヨシ，イやガマの根茎を植栽して，自然の遷移に任せる手もあります.

　ヨシクラスの群集に特徴的なヌマトラノオ，ミズオトギリ，クサレダマ，キセルアザミ，シロネ，コシロネ，タコノアシ，サクラタデ，サンカクイ，コウキヤガラ，コガマ，ヒメガマ，マコモ，ショウブなどの種は植栽せずとも侵入し，定着します. 植生と同時に動物相も豊かになり，安定した生態系が構築されることが大事です.

⑨リュウノヒゲモクラスの植生（表９）

　リュウノヒゲモクラスの植生は，池沼などの水深のある止水域や水路の流水域に生育する浮葉と沈水葉の植物で構成されています. ヤブツバキクラス域の止水域では，比較的水深の浅い湿田やため池，海岸の後背湿地にかつてはトチカガミ，ガガブタ，ヒメシロアサザなどの浮葉植物群落が見られました.

　ヤブツバキクラス域からブナクラス域の1.5mほどの水深のあるため池や池沼には，ヒシ，ジュンサイ，ヒツジグサ，フトヒルムシロの優占群落も見られましたが，ヒシの実やジュンサイの芽の利用も少なくなり，最近は減少しているようです.

表9. オヒルムシロクラス（浮葉・沈水葉群落）の植生

植物群落	分　布	植栽適正樹種	形　態	生活形	植栽割合
ガガブターヒシ群集	東北・関東				
		ガガブタ	多年生草本	浮葉	3
		アサザ	多年生草本	浮葉	2
		ヒシ	多年生草本	浮葉	2
		コウガイモ	多年生草本	沈水葉	1
		ササバモ	多年生草本	沈水葉	1
		フサジュンサイ	多年生草本	沈水葉	1
オニバスーヒシ群落	本州・九州				
		オニバス	多年生草本	浮葉	5
		ヒシ	多年生草本	浮葉	5
ジュンサイーヒツジグサ群集	本州				
		ジュンサイ	多年生草本	浮葉	2
		ヒツジグサ	多年生草本	浮葉	2
		オヒルムシロ	多年生草本	浮葉	2
		フトヒルムシロ	多年生草本	浮葉	4

　水草は水鳥の足に絡まって拡散されることが多く，飛来しない都市近郊では水草も少なくなったかもしれません．しかし，近年では，水辺のビオトープづくりが盛んでトチカガミ，ガガブタ，ヒメシロアサザ，ヒツジグサなどを植えるところも多く，トンボやメダカの生息環境に貢献しているようです．

　池沼と異なり流れが速く溶存酸素の多い流水域では，エビモやクロモが見られるほか，センニンモ，ヤナギモ，イトモなどの沈水葉植物が川底を覆うように茂ります．かつてはウグイ，オイカワ，バラタナゴ，カワエビなどが見え隠れする生物相の豊かな小河川や用水路が多く存在していました．

　これらの生物相の減少には，農薬や化学肥料による水質の変化や護岸工事などが大きく影響しています．近年の河川環境は，下水網の完備や減農薬使用，減化学肥料使用によって回復する方向の河川もあります．河川環境が変化すればそこを住処とする動植物も増加することから，生物指標として小河川の回復を知ることができます．

　リュウノヒゲモクラスの植生の再生は水辺の生態系の回復，水辺の環境の生物指標として重要ですが，復元を目的とする水辺の環境にふさわしい植物群落を見極めることが難しく，導入後に大繁茂して水辺を覆いつくしてしまう危険性も考えねばなりません．残されていた植生を環境改善によって徐々

に広げていく．あるいは同じ河川にある植物を移植して生態系の回復を待つ
方法があり，植栽は慎重に行うべきです．

⑩オノエヤナギクラスの植生（表10）

　タチヤナギ群集は河川の中・下流域，ネコヤナギ群集は中・上流域に自然
植生が成立しますが，低木のヤナギ類はしばしば，湿田放棄地にも代償植生
として出現します．福島県双葉郡浪江町では，東日本大震災後，放棄された
湿田に4，5年でタチヤナギ，イヌコリヤナギ，オノエヤナギ，コゴメヤナ
ギの混生する低木林が成立しています．しかし，長年の耕作で富栄養化して
いる立地に成立したヤナギの低木林は最終的にハンノキ林に遷移すると考え
られます．そのような植生景観は湿田の集中する谷戸に見られます．

　里山ではオノエヤナギクラスの植生は遷移途上に一時的に出現するだけで
すから，植栽による植生復元は重要ではありません．可能性としては沼やた
め池の水辺にハンノキクラスとヨシクラスの中間に植栽すれば，持続性の高
い植分であるタチヤナギ群集を誘導することができます．ネコヤナギ群集は，
里山をぬって流れる小河川の上流域に復元することができます．ヤナギの仲
間は活着しやすいので，砂礫質の基盤で貧栄養な流水がある環境であれば，
秋から冬に挿し木やコンテナ植物で植栽できます．

⑪ハンノキクラスの植生（表11）

　谷戸や沖積低地の潜在自然植生をヤブツバキクラス域で判定した場合，代
表的な植生はオニスゲ－ハンノキ群集です．ハンノキは10m以上の高木にな
りますが，陽樹で種子は風散布で運ばれ，ヨシの繁茂する湿原に良く侵入し
ます．しかし今日，多くの立地は水田に置き換えられていますから，種子の

表10．オノエヤナギクラス（畦畔低木林）の植生

植物群落	分布	植栽適正樹種	形態	生活形	植栽割合
タチヤナギ群集	日本各地				
		タチヤナギ	低木種	夏緑広葉樹	4
		イヌコリヤナギ	低木種	夏緑広葉樹	2
		カワヤナギ	低木種	夏緑広葉樹	2
		オノエヤナギ	低木種	夏緑広葉樹	2
ネコヤナギ群集	日本各地				
		ネコヤナギ	低木種	夏緑広葉樹	6
		オノエヤナギ	低木種	夏緑広葉樹	2
		イヌコリヤナギ	低木種	夏緑広葉樹	2

表11. ハンノキクラス（湿地林）の植生

植物群落	分　布	植栽適正樹種	形　態	生活形	植栽割合
オニスゲ-ハンノキ群集	本州以西				
		ハンノキ	高木種	夏緑広葉樹	6
		カラコギカエデ	高木種	夏緑広葉樹	1.5
		イボタノキ	低木種	夏緑広葉樹	0.5
		コムラサキ	低木種	夏緑広葉樹	0.5
		ウメモドキ	低木種	夏緑広葉樹	0.5
		カマツカ	低木種	夏緑広葉樹	0.5
		カサスゲ	草本種	夏緑草本	0.1
		オニスゲ	草本種	夏緑草本	0.1
		シラコスゲ	草本種	夏緑草本	0.1
		ヒメシダ	草本種	夏緑草本	0.1
		タニヘゴ	草本種	夏緑草本	0.1

供給源は限られてしまいます．谷戸景観を復元するためにはハンノキのコンテナ植物をヨシ原に移植することになりますが，ヨシが密であれば刈込んで光環境を良くして植栽すれば活着します．植栽地の縁には，林縁群落を形成するためにイボタノキやコムラサキなどの野生種の低木を帯状に植栽すると良いでしょう．

5　里山の景観とその保全

　最近，ニホンジカ，イノシシ，ニホンザル，ツキノワグマなどによる獣害問題が起きて，農作物に大きな被害が出ています．農家の高齢化により管理しきれない土地が藪化して奥山と里山の境界線が曖昧になり，野生動物が侵入するようになったと言われています．また，都市近郊では都市化が里山に及び，その境界も曖昧になりました．里山という地域的な広がりを奥山や都市と比較し，空間的に区別することによって把握することができるようになります．

　地域的な広がりは一般的に景観として認識されますが，植生だけでなく，道路や建物など，目に入る様々な対象物を含んでいます．ここでは植生に注目して，植物群落の組み合わせから均一な植生景観を抽出できることを理解して，里山を見ていきます．

　これまで里山を様々な植物群落から見てきました．ここでは植生景観という空間的な広がりを植物群落の組み合わせから捉えてみたいと思います．植生景観を把握することによって，里山を奥山や都市から景観的に区別でき，固有な自然や土地利用，文化を理解できるようになります．また，再生を考えるときに，広域での地域計画が必要となりますが，植生景観は必要な植物群落の空間的配置や土地利用の配分のために必要な診断材料を提供してくれます．

1）里山という景観

　風土とは異なる特色をもった地域の自然と人為の所産を表わす概念ですが，各地域にはそれぞれ異なる気候，地形，水，土壌，植生などの自然があり，自然に調和してつくられた人々の暮らしと，自然によって育まれた祭り等の文化があります．植生は自然のものですが，長い歴史の中で人々の生活と密に影響し合い，現在の植生が形づくられてきました．この考えを元にして里山を生態学的に捉えると，自然と人為の総和を指標する現存植生を景観構成要素として，均一な空間的広がりを植物群落の組成的なまとまりで表現することができます（口絵写真30）．しかし，景観を形づくる植物群落に限定した見方なので，人の生活や歴史を軸にみる景観の捉え方とは異なります．そ

のため，「植生景観」と区別して使用したいと思います．

　理論的には，一つの潜在自然植生域でも人為の程度によって，異なる植生景観に判定されることになります．例えば，関東平野に手つかずの自然が残されていて，洪積台地が広くシラカシ群集で覆われていれば，照葉樹林の森林景観という自然景観に判定されます．そこに人が入って森を切り開き，畑や雑木林，二次草原が広がれば，里山という田園景観が半自然景観として成立します．さらに都市化が進み，自然の要素が無くなれば都市景観に変わります（図33）．

　また，植物群落の組成によっては，複数の潜在自然植生が一つの植生景観にまとまることもあります．河川敷を例に取りましょう．河川敷では流水方向に沿って平行にタウコギクラスの一年生草本群落，ヨシクラスの多年生草本群落，オノエヤナギクラスの低木群落，次に高木群落という順に空間的配分がみられます．

　冠水頻度によって潜在自然植生が異なりますが，洪水のような大きな攪乱

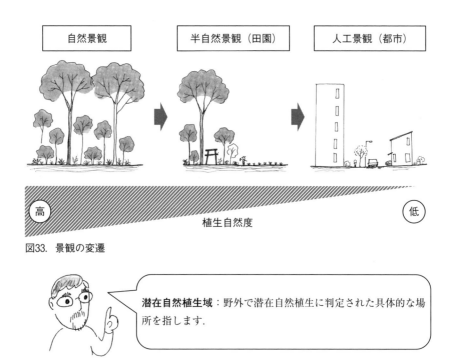

図33．景観の変遷

潜在自然植生域：野外で潜在自然植生に判定された具体的な場所を指します．

が起きると，最初に侵入するのはタウコギクラスの植生で，例えばオノエヤ
ナギクラス低木林の立地ではタウコギクラスからヨシクラス，そしてオノエ
ヤナギクラスの植生に戻ってきます．流水による自然かく乱が，比較的多く
生じると，植生の配置が不明瞭となり，結果として一つの植生景観にまとま
ります（図10参照）．

　それが人為的かく乱によって引き起こされる場合もあります．かつて河川
敷は茅場として利用され，刈り取りによりヨシ群落がオノエヤナギクラスの
領域にまで広がっていました．すなわち異なる潜在自然植生域をヨシ群落と
いう一つの植生景観が占めていることです．

　一つの植生景観と生態系が機能する空間は異なる概念から導かれています．
植物群落の均一な空間的まとまりが植生景観であるのに対し，ひとつの生態
系の機能する空間がビオトープです．主体を空間系に置くか，生態系という
機能系に置くかという違いで，結果として同じ空間を示すことも十分考えら
れます．

　その場合，生態系の空間的広がりを示すビオトープのビオトープ型と，景
観構成要素の植物群落は一致することになります．例えば，沼のビオトープ
を取り上げますと，水域の生態系が機能し，水生の動植物の食物連鎖を通し
て物質が循環し，水環境が保たれています．ビオトープ型は，水深に沿って，
沼の縁から中央に向かってオニスゲ－ハンノキ群集，カサスゲ群集，サンカ
クイ－コガマ群集，ガガブタ－ヒシ群集が配分しています．一方，植生景観
では，陸域と明らかに異なる沼の植生景観がオニスゲ－ハンノキ群集，カサ
スゲ群集，サンカクイ－コガマ群集，ガガブタ－ヒシ群集という植物群落の
空間的まとまりによって区分されます．しかし，人為によって自然植生が代
償植生に入れ替わって植生景観を構成する植物群落が変わると，別な植生景
観に判定される可能性があります．その結果，物質循環を介した生態系の繋
がりが複雑になり，空間的な把握が難しくなります．

　景観保全の考え方は，均一な植生景観を構成する植物群落のもとで，生態
系が機能し，物質やエネルギーのやり取りが自律的に行なわれており，それ
を損なうことなく，植生景観が維持されていくように，人々の生活を構築し
ていくというものです．

２）里山における植生景観のモデル

　里山とは，自然と人が作り上げた共生系です．基本は，森林生態系の機能を損なわずに，人が生物共同体の一員として，生態系の生み出すバイオマスを持続的に利用できる空間を示しています．人が利用したバイオマスは，再び生態系の物質循環に取り込まれることで，持続的利用が可能となります．しかし，現代社会において，物質やエネルギーの流れははるかに複雑になるので，基本的なモデルを通して，里山の植生景観を理解しておく必要があります．

　原生の森林生態系では，極相林と極相林を頂点とする群落環を構成する二次植生により森林ビオトープが形づくられています．原生林とは極相林のみではなく，ギャップには様々な遷移段階の二次植生が成立しており，絶えず更新が行われています．これらの植生の時空間的つながりにより，物質とエネルギーを介した森林生態系が維持され，具体的な植物群落のつながりで可視化されているのが，植生景観の基本的なモデルです．

　現生の状態に人が立ち入って物理的な影響を与えた場合，極相林は後退し，二次植生の成立面積が増加します．さらに，耕作や薪炭林利用を目的に管理を行うと，偏向遷移による植物群落も増加し，草地や林縁，森林がモザイク状に分布する里山の景観に近づいていきます．しかし，極相林に向かうという群落環が維持されていれば，遷移の方向が複雑になっても極相林に戻ることが可能なのです．植物群落の間で，遷移による空間的配置の動的平衡を保つことが，人を含む生物に生態系が生み出すバイオマスを持続的に利用できる保証を与える訳です．

　このように里山では森林生態系の機能を損なわずに，その許容範囲で土地利用を行い，バイオマスを持続的に得られる状態が，植生景観のモデルになります．このモデルを維持するための植生の管理は，地域における植物群落の繋がりを断ち切らないように，その多様性を維持していくことです．

　例えば，ヤブツバキクラス域において集落単位で見ると，鎮守の杜にはスダジイやタブノキの自然林があります．周囲には薪炭林やスギ・ヒノキ植林，モウソウチク林，さらにミズキ林やアカメガシワ林などの代償植生が広がります．それらの林縁部にはヤマグワ，マユミ，ガマズミ，キブシなどの低木林やノブドウ，エビヅル，センニンソウ，スイカズラ，トコロ，ヤマノイモ

136

などのつる植物群落が覆っています．路傍や土手，あるいは小川にはススキ，ヨモギやヨシの多年生草原が広がり，伐採跡地，耕作地には偏向遷移による一年生雑草群落が成立します．その結果，一年生草本群落⇒多年生草本群落⇒つる・低木群落⇒先駆性陽樹林⇒極相林という群落環の繋がりができ，集落単位で更新を進める役者が揃うことから，自律的に森林や草原の生態系が維持されていきます．役者は植物だけでなく，生物共同体の動物や菌類も揃い，生物多様性が大きくなり，環境の変化にも対応できる安定した植生景観となります．

3）植生景観の抽出法

植生景観の抽出方法は総和群集法（Tüxen 1978）によります．地形，土壌，地形，植生の均一な広がりの中で，植生景観を構成するすべての植物群落が入る最小面積を調査区として設定します．最小面積は水田や畑地では10,000㎡から40,000㎡が目安です．

調査区に出現する植物群落を書き出し，量的な被度と群度の尺度を与えます．調査対象域において多くの調査区を取り，持ち帰って表操作により，植生景観単位を総和群集として抽出します．例えば，水田地帯が適合度の高い植物群落のまとまりによって独立した植生景観となる場合，高い適合度の水田雑草群落；ウリカワーコナギ群集の名を取ればウリカワーコナギ総和群集と呼称が付けられます．

関東地方の多摩川流域で行った調査では，水田区，畑作区，薪炭林区，河川区が独立した植生景観となり，里山を構成していることが明らかにされています（表12；中村・大和 2010）．また，南相馬市では東日本大震災以降，放棄された水田が多く，湿田と乾田で異なる植生景観が抽出され，将来，水田がどのような森林に変わるのかを予測しています（表13，14；中村ほか2016）．

植生景観では自然に与えた人為の影響を正確に評価でき，その強度によっ

植生景観の抽出：複数の植物群落の空間的なまとまりによって均一な植生景観を表すことができます．

表12. 多摩川流域の植生景観とその属性（中村・大和 2010）

植生景観	中地形	小地形	主な土地利用	主な栽培種・園芸種・	その他の因子
平野・丘陵の植生景観					
ギンゴケーツメクサ総和群集	主に低地・台地	-	住宅地・工業地など	オオムラサキ植栽, キンモクセイ生垣, ベニカナメモチ生垣	-
ウリカワーコナギ総和群集	低地	平坦地	水田	イネ栽培	夏季・秋季
ウキクサーアオウキクサ総和亜群集	低地	平坦地	水田	イネ栽培	冬季・春季
ノミノフスマーケキツネノボタン総和亜群集					-
ラズミーコナギ総和亜群集					-
シラカシ屋林系総和亜群集	台地	平坦地	畑・薪炭林・公園等	苗圃, 茶畑, イヌツゲ生垣, モウソウチク	-
典型総和亜群集	丘陵	斜面	畑・薪炭林・公園等	イヌツゲ生垣, モウソウチク	-
オニスゲーハンノキ総和群集	丘陵	谷	水田	イネ栽培	-
ヤブツバキクラス域山地山地の植生景観					
サカキーウラジロガシ総和群集	山地	斜面	植林・薪炭林	スギ, ヒノキ, アカマツ, モウソウチク, マダケ	-
コクサギーケヤキ総和群集	山地	谷	植林	スギ, モウソウチク	-
コナラミズナラオーダー域の植生景観					
アラゲツツジーイヌブナ総和群集	山地	斜面	-	-	-
クリーコナラ総和群集	山地	斜面下部	植林・薪炭林等	スギ, ヒノキ, アカマツ	-
オオモミジーシナ総和群集	山地	斜面下部	植林	-	-
イヌブナーブナ総和群集	山地	斜面下部	植林	スギ, ヒノキ	-
マツカゼソウーズミ総和群集	山地	谷	植林	スギ, ヒノキ	シカの高密度地域
イワボタンーシオジ総和群集	山地	谷	-	-	急傾斜地
ヒカゲツツジーヒノキ総和群集	山地	斜面	-	-	石灰岩地
チチブヤマキーチチブミネバリ総和群集	山地	斜面	-	-	石灰岩地
サザーブナオーダー域の植生景観					
オオモミジガサーブナ総和群集	山地	斜面	自然景観（一部薪炭林等）	-	沿海部
ヤマボウシーブナ総和群集	山地	斜面	自然景観（一部薪炭林等）	-	-
ダケカンバーウラジロモミ総和群集	山地	斜面	自然景観（一部薪炭林等）	-	-
カメバヒキオコシーサワグルミ総和群集	山地	谷	自然景観	-	-
ヒコクサギーヤマハンノキ総和群集	山地	斜面下部・谷	植林・薪炭林	ヒノキ, カラマツ	-
コナシモートウヒセカラ...モンタナウ総和群集	山地	斜面下部・谷	植林・薪炭林	ヒノキ, カラマツ	花崗岩地
コケモートウヒクラス域の植生景観					
マイヅルソウーコメツガ総和群集	山地	斜面	自然景観	-	-
シラビソーオオシラビン総和群集	山地	斜面	自然景観	-	風衝地
シモツケーミヤコザサ総和群集	山地	斜面	自然景観	-	風衝地
フジアカ...ショウ...ウマー...モンタナウ総和群集	山地	斜面	自然景観	-	-

138

表13-1. 南相馬市総和群集表

a: ハマニンニクコウボウムギ総和群集
b: クロマツ総和群集
c: シオクグ総和群集
d: タチヤナギ総和群集
e: サンカクイーコガマ総和群集
f: クリカワクーコナキ総和群集
g: カラスビシャクーニシキソウ総和群集
h: ヒノキ総和群集
i: アブラススジイヌスゲ総和群集
j: アブラチャンーケヤキ総和群集

i: ヨシ下位総和群集
ii: 典型下位総和群集
iii: セイタカアワダチソウ下位総和群集

景観区分	a				b	c		d	e			f						g						h			i		j			
														i	ii	iii																	
通し番号	1	2	3	4	5	6	7	8	9	10	11	12	13	14	15	16	17	18	19	20	21	22	23	24	25	26	29	30	31	32		
海抜	4	32	14	3	5	4	14	4	10	10	39	8	35	63	20	37	110	100	120	45	100	40	31	60	30	220	523	444	220	538		
植被率	40	100	100	100	80	100	100	100	95	95	80	100	95	95	90	90	90	90	90	90	100	90	90	90	90	80	80	80	90	90		
出現群落数	7	5	13	3	12	5	7	6	9	7	6	16	20	16	7	10	10	14	17	14	16	11	15	9	9	6	9	7	22	8		

ハマニンニクコウボウムギ総和群集：
- チガヤ群落 — 30
- ハマアカザ群落 — 20
- カワラヨモギ群落 — 1:
- ケカモノハシ群落 — 10
- +:

クロマツ総和群集：
- クロマツ植林 — 50　30
- マサキートベラ群落 — 10
- ニセアカシア群落 — 1/
- アオガヤツリ群落 — +0
- クララ群落 — +/
- オニシバ群落 — +/
- デリハノバイバラ値か — +/

シオクグ総和群集：
- シオクグ群集 — 1/
- ホソバハマアカザハマスゲ群集 — +0

タチヤナギ総和群集：
- オギ群集 — 3/
- ツルヨシ群集 — 2/
- タチヤナギ群集 — +0
- オオイヌタデーヤナギタデ群落 — 1:
- フレチウリ群落 — 10
- メドハギーツルマメ群落 — +/

サンカクイーコガマ総和群集：
- ホタルイ群集 — +/　+0
- サンカクイーコガマ群集 — 40　30
- フトイ群落 — +0

クリカワクーコナキ総和群集：
- クリカワーコナキ群集 — 30　30　20　50　30　40　40
- ミゾソバ群落 — 10 +:　2/
- ミノカンシーオオジシバリ群落 — +/　1/　1:
- ウキクサーアオウキクサ群落 — 1/　10　1:
- ヒデリコーテンツキ群落 — +:　+:
- アシカキ群落 — 10　1:　+:
- サクラタデ群落分 — +:　+:

表13-2．南相馬市総和群集表

温暖帯湿地植物群落：
- ヨシ群落
- オオイヌタデ－クサビエ群落
- ヒメガマ－コガマ群落
- ウキヤガラ－マコモ群集

乾田雑草植物群落：
- セイタカアワダチソウ群落
- オヒシバ－アキエノコログサ群落
- カラスビシャク－ニシキソウ群集
- ユウガギク－ヨモギ群集
- オヒシバ－アキメヒシバ群集
- チカラシバ群落
- アキノノゲシ－カナムグラ群落

カラスビシャク－ニシキソウ総和群落：
- ヒメムカシヨモギ－オオアレチノギク総和群集
- ハナダテ－アシボソ群落
- クズ群落
- ヌルデ糖分(ヌルデ－アカメガシワ群集)
- アブラチャン－ケヤキ群集
- マダケ植林
- クサギ－アカメガシワ群落
- ヤクシソウ－タケニグサ群落

台地・丘陵指標植物群落：
- スギ植林
- クリ－コナラ群集
- アカマツ植林
- ベニバナボロギク－ダンドボロギク群落
- ヤマグワ－コウゾ群集
- トダシバ－ススキ群集

ヒノキ総和群落：
- ヒノキ植林

アブラツツジ－イヌブナ総和群集：
- アブラツツジ－イヌブナ群集
- クマシデ－ケヤマハンノキ群落

アブラチャン－ケヤキ総和群集：
- アブラチャン－ケヤキ群集
- タマアジサイ－オノエヤナギ群集
- キクバドコロ－ヤマブドウ群集
- テンニンソウ群落
- ツリフネソウ－キツリフネ群集
- ミヤマイラクサ－ムカゴイラクサ群落
- アオミズ群落
- ミズヒキ－ドクダミ群落
- メヤブマオ－クサコナカガシ群落
- サワアザミ群集
- ボタンヅル－クワ群集
- 以下略

140

表14. 南相馬における総和群集の特性

総和群集	優占する植物群落	潜在自然植生	景観	土地利用	海抜(m)
ハマニンニクーコウボウムギ総和群集	ハマニンニクーコウボウムギ群集	ハマニンニクーコウボウムギ群集、マサキートベラ群集、ヤブコウジースダジイ群集	砂丘	-	0-5
クロマツ総和群集	クロマツ植林	イ群集	砂丘	砂防林	5-10
シオクグ総和群集	シオクグ群集	シオクグ群集	干潟	-	0
タチヤナギ総和群集	オギ群集、ツルヨシ群集	オギ群集、ツルヨシ群落、タチヤナギ群集、ココメヤナギ群集	河川敷	-	5-50
サンカクイーコガマ総和群集	サンカクイーコガマ群集、ヨシ群落	イボタノキーハンノキ群集	湿田	水耕栽培	1-100
ウリカワーコナギ総和群集	ウリカワーコナギ群集、オオイヌタデーケマビエ群落	ムクノキーエノキ群集、イノデータブノキ群集	乾田	水耕栽培	5-70
カラスビシャクーニシキソウ総和群集	カラスビシャクーニシキソウ群集、メヒシバーエノコログサ群落、クリーコナラ群集	イノデータブノキ群落、モミーアカガシ群集	耕作地	野菜・果樹	30-120
ヒノキ総和群集	ヒノキ植林、アカマツ植林、クリーコナラ群集	モミーアカガシ群落、アブラツツジーイヌブナ群集	森林	植林	30-220
アブラツツジーイヌブナ総和群集	アブラツツジーイヌブナ群集	アブラツツジーイヌブナ群集	森林	風致林	220
アブラチャンーケヤキ総和群集	アブラチャンーケヤキ群集、タマアジサイーフサザクラ群集	アブラチャンーケヤキ群集	森林	風致林	220

て大きく森林景観⇒里山景観⇒都市景観と変化していきます．神奈川県海老名市の場合（宮脇ほか1986），里山景観は農耕地を指標するクヌギ－コナラ総和群集が消え，新たに都会型のギンゴケ－ツメクサ総和群集が出現することで，都市化による生物多様性の貧化を捉えることができます．

　このように，総和群集法を用いた植生景観の区分は，人と自然の共生系が空間的にどのような構造になっているのか，地域計画に必要な多くの情報をもたらしてくれます．すなわち，代償植生の多様性から診断できる人為的影響の違い，群落環を構成する植生から導かれる植生復元のプロセス，従属的な動物群集の多様性とその保全，地域の生産力と有効な土地利用の判定，地域の植生による環境保全機能，地域の防災機能など，地域の気候，土壌，地形要因，そして人間の活動と密接に関係した植生景観を総和群集法で明らかにできるのです．

4）里山景観とビオトープ

　ビオトープは，機能系と空間的な広がりを有する最小植生景観であり，地理的要素も含まれたものです．ここでは，里山の二大景観である草原（耕作地）と森林について見ていきます．

（1）草原（耕作地）景観とビオトープ
　里山における代表的な草原景観は，水田景観（ウリカワ－コナギ総和群集），畑地景観（クヌギ－コナラ総和群集ほか），池沼景観（サンカクイ－コガマ総和群集ほか），河川敷景観（ツルヨシ総和群集ほか）です．

　ウリカワ－コナギ総和群集では，水田雑草群落が稲作という集約的管理のもとに維持されており，水田のウリカワ－コナギ群集（夏型），田塗りによる畔の側面のヒデリコ－テンツキ群落，畔上のミゾカクシ－オオジシバリ群集があります．小川にはセキショウ群集，ウキヤガラ－マコモ群集，ミクリ群落，ヒルムシロ群落，エビモ群落，土手のユウガギク－ヨモギ群集などがかつては水田雑草群落と一緒に夏型の水田ビオトープを構成していました．

　春型の水田ビオトープは湿田と乾田で異なり，湿田ではタガラシ－スズメノテッポウ群集，乾田ではノミノフスマ－ケキツネノボタン群集がビオトープ型として出現します．ウリカワ－コナギ総和群集を構成する植物群落の多くは，農薬と化学肥料の利用が盛んになった昭和30年代，消滅するか貧化し，

それに伴い多くの動物も消えています．オケラ，ヘイケボタル，イナゴ，タ
ガメ，コオイムシ，ミズカマキリ，トノサマガエル，トウキョウダルマガエ
ル，アカハライモリ，ニッポンバラタナゴ，ドジョウ，カワエビなど，枚挙
にいとまがありません．

　農薬と化学肥料の使用を控える有機農法に戻れば，ウリカワ－コナギ総和
群集の生物多様性は回復し，田んぼの生態系の物質循環が回り始めます．そ
れによって小川の水質浄化，健全な土壌の回復，農作物の質の向上，天敵防
除の回復などが見込まれます．

　クヌギ－コナラ総和群集は洪積台地や丘陵に多く成立し，畑地や果樹・桑
畑のカラスビシャク－ニシキソウ群集（夏型），ホトケノザ－コハコベ群集（春
型），路上のカゼクサ－オオバコ群集，路傍や土手のトダシバ－ススキ群集，
薪炭林のクヌギ－コナラ群集，鎮守の杜のシラカシ群集などが主なビオトー
プ型として出現しています．

　明治・大正時代には養蚕のための桑畑が広がっていました．戦後は都市化
に伴う宅地開発が進み，多くのクヌギ－コナラ総和群集は都市景観；ギンゴ
ケ－ツメクサ総和群集に姿を変えました（図34）．残されたクヌギ－コナラ
群集も，管理放棄により，遷移が進み，アズマネザサの優占林床にシラカシ，
ヒサカキ，チャノキ，ネズミモチ，ツルグミ，マンリョウ，シュロなどの常
緑植物が侵入し，シラカシ群集へ姿を変えていく途中相が見られるようにな
りました．

　沿海部のシイ・タブ林域の例えば，南関東の丘陵では，オニシバリ－コナ
ラ群集（薪炭林），クサイチゴ－タラノキ群集に代表されるアカメガシワや

カラスザンショウ林，ハコ
ネウツギ－オオバヤシャブ
シ群集，カジイチゴ群集が
畑地やウメやミカンの果樹
園に接してみられ，ヤブコ
ウジ－スダジイ群集の萌芽
二次林やマテバシイ植林な
ど，防風用の森林に挟まれ
て農地が散在するオニシバ
リ－コナラ総和群集が広

写真47．丘陵の里山　神奈川県中井町　2019/4/2

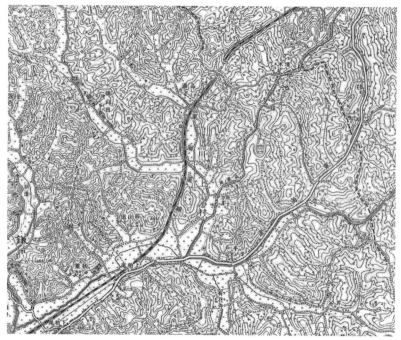

図34. 戸塚周辺の人迅測図　明治33年（1900）

がっています．また，景観を構成する人工物ではイヌマキの防風用生け垣が特徴的ですが，クヌギ－コナラ総和群集のシラカシの高垣とは対照的な植生景観と生け垣という文化的要素が関係する良い例です．

冷温帯のブナクラス域の代表的な土地利用は牧畜で，岩手県の安比高原で

写真48．シラカシの高垣　調布市深大寺

は，放牧地や刈り取り牧野などの二次草原を中心に周辺にはレンゲツツジ－シラカンバ群集や薪炭林のオオバクロモジ－ミズナラ群集が見られます．二次草原は採食圧が強く加わるとアズマギク－シバ群集，弱まるとノハナショウブ－ススキ群集が出現し，ブナの自然

144

林に囲まれた中に草原景観がひろがっています（口絵写真31）．

　里山の池沼景観は低地やため池などの主に止水域に見られますが，その一つにサンカクイ－コガマ総和群集があります．ウキヤガラ－マコモ群集，セリ－クサヨシ群集などのヨシクラスの抽水植物群落が多くを占め，そのほか，リュウノヒゲモクラス，コウキクサクラスの植生がビオトープ型として出現しています．

　霞ヶ浦など規模の大きな池沼景観では，かつては水生植物を始め，魚類，水鳥などの豊かな生物相に支えられて，ハス田などの農業，淡水漁業，水上交通が盛んでしたが，水質悪化はアオコの異常発生を招き，生態系崩壊の指標になっています．すなわち生物多様性の低下と水環境の悪化により生態系が機能しなくなっているのです．

　灌漑用に作られたため池にもヨシクラス，リュウノヒゲモクラス，コウキクサクラスの植生がビオトープ型として出現し，水深変動により干潟が出現する立地にはヒメミズニラ－矮生イグサクラスの植生が発達することもあります．

　河川敷景観は必ずしも里山を代表するものではありませんが，砂礫河原の中小河川にはネコヤナギ群集，ツルヨシ群集，イワニガナ－アブラシバ群集などをビオトープ型に，ツルヨシ総和群集がウリカワ－コナギ総和群集をぬって線状の河川に成立している場合があります．主に中流域の流速のある貧栄養な水環境を指標し，カワセミ，コチドリ，セグロセキレイ，ヤマメ，アマゴ，スナドジョウ，カジカ，サワガニ，ゲンジボタル，カワニナなどの土物群集が生息しています．

（2）森林景観とビオトープ

　里山に見られる森林景観は，林業を主とする生業の場で，スギ・ヒノキ植林が丘陵から山地斜面に広がっています．かつては薪炭林のクリ－コナラ群集や茅場となるススキ草原が占めていましたが，戦後の拡大造林によって姿を変えています．沿海部に多かったアカマツ植林や二次林もマツ枯れによってオニシバリ－コナラ群集，西日本ではアベマキ－コナラ群集などの若齢林やスダジイ・コジイの萌芽林が目立つようになっています．

　北関東では，広く夏緑広葉樹二次林の占めるクリ－コナラ総和群集とスギ・ヒノキ植林が占めるイヌワラビ－スギ総和群集とマツカゼソウ－スギ総和群

集が紹介されています（中村・大和 2010）．管理の良い植林がイヌワラビ－
スギ総和群集で，ニホンジカの食害の影響を受けた植林がマツカゼソウ－ス
ギ総和群集です．ニホンジカの食害が植生景観に影響を及ぼしており，植生
景観が環境や生物相の質の変化も的確に捉えていることがわかります．

　北関東において，丘陵地帯の自然景観はサカキ－ウラジロガシ総和群集と
コクサギ－ケヤキ総和群集が記録されていますが，面積的には限られた渓谷
に成立しているに過ぎません．一方，人の手の入った里山では，代償的な森
林景観で構成されています．自然景観は，「奥山」と呼ばれる大菩薩嶺下のヤ
マボウシ－ブナ総和群集やアブラツツジ－イヌブナ総和群集，渓谷のイワボ
タン－シオジ総和群集など，東京都の水源林に限られた存在となっています．

　近年，日本では豪雨による災害が多くなり，土砂崩れも頻発しています．
その対象地ではスギ・ヒノキ植林が目立っています．自生種のスギ・ヒノキ
は本来，急峻な岩角地に生育し，根は岩を抱えて安定するために深根性の直
根を持っていません．したがって，土壌の深い場所に植林されると，浅根性
であるがために崩壊を誘発してしまう確率が高まります．急斜面崩壊地など，
高い防災機能が求められる場所には本来あるべき自然植生を中心に自然景観
を保全すべきで，畦畔であればコクサギ－ケヤキ総和群集やイワボタン－シ
オジ総和群集を保全することが肝要です．

5）植生景観を地域計画の土台にする

　均一な地域の広がりを植生景観という単位を通して「人と自然の共生」を
評価する，すなわち持続的な生活の保障に繋がるそのバランスを理解したう
えで，景観の修復を地域計画に取り込んでいくことが望まれます．個々に植
生の復元を行うのではなく，里山の生態系が機能し，人が利用できる十分な
バイオマスを得るために，あるいは豊かな生活環境を維持するために，地域
の中でバランスを欠いている植物群落は何かを把握し，評価した結果を地域
計画に反映させるということです．

　人が利用できる代償植生，もっとも多様で安定した災害にも強い自然植生，
これらをどのように配分していくか，景観区分図を作成した上で，具体的な景
観修復計画図を作成することです．また，その地域にふさわしい土地利用，さ
らに適した農作物などの土地利用計画に発展させる応用的な分析も可能です．

おわりに

　2020年は，コロナ禍に全人類が巻き込まれ，生活様式から見直すきっかけを与えられた年でした．人類が原生自然に手を入れ，ウイルスを媒介する生物と接触しやすくなっていることから，コロナウイルスにいたる伝染病の脅威が増してきています．森林の消失により自然界のバランスが崩れ始め，最近だけでも台風や豪雨などの自然災害やパンデミックな疾病の対策に投じた天文学的な金額を考えれば，これまでの様な経済優先の社会システムが続くわけがなく，環境対策を人間活動の中心に置かなければ，持続的な人間の生存は成り立っていきません．

　人間が生物界の一員である以上，すべての生命体と地球環境が物質やエネルギーを介して繋がっている生態系というシステムから離れて，人類の持続的生存を確立することはできません．SDGsに示される持続的発展を可能にするためには，地球環境の保全が大前提です．異常気象が頻発する今日では，環境の維持だけではなく，損なわれた環境の修復も必要です．人が自然との共生を図るうえで，多様性を失った生態系を回復させ，かつ人の活動を抑制していくことが望まれます．持続的発展には格差社会を無くし，1人の取りこぼしもなく，皆でゴールを目指すという意が込められています．その先でSDGsはSLGs，sustainable developmentからsustainable lifeに変わるのかもしれません．

　化学肥料と農薬の利用は，生産性の向上や労働力の軽減に役立ちましたが，里山の自然の多様性を奪ったのも事実です．その結果，里山の生態系を支える多くの生物が姿を消し，生態系のバランスを利用した天敵防除機能も劣化しています．生態系は崩壊し，物質循環による環境浄化機能も損なわれました．同様に生活排水も河川の生態系を壊し，浄化機能を奪いました．

　持続可能なシステムであった里山も，その循環の環が途切れています．薪や炭に利用されなくなった雑木林はスギ・ヒノキの植林や宅地に変えられるか，放置により遷移が進んで常緑広葉樹林化し，倒木跡地には生長の早いカラスザンショウなどの陽樹が侵入して台風時に倒木するなど，新たな防災上の問題も生じています．

　里山は時代のニーズに沿って利用の地方が変わるばかりでなく，そのもの

も変化を続けているのです．しかし，変わらないものもあります．人は自然に触れることで，豊かな感性を自然から学び取ることができます．とくに子供たちの情操教育には無くてはならない身近な自然を提供する場，それが里山です．多様な自然の変化を織り成す日本列島にあった昔から暮らしの中で，人の感性は大きな影響を受けてきました．そのような身近な自然には森，藪，草地，小川が散在し，子供たちにとっては小宇宙の未知の存在でありましたが，人の目の届く管理された自然でもありました．

里山は安らぎの場，農産物生産，生物多様性保全，環境浄化機能，防災機能を通して持続的な人の生存を保証できる場だと思います．コロナ禍で疲れた人々の集う場が緑豊かな公園であることは，経済でなく環境が資本になるこれからの社会づくりを象徴しています．

これから必要なことは，地球規模での環境の保全，物質循環の再生とその持続性を確保することです．そのために有効なのは，里山を復活し，新たな循環を構築することではないでしょうか．本書が植生の面から里山という人と自然の共生系の再構築に役に立つことができれば幸いです．

本の執筆のきっかけは，里山由来の公園の管理をどのようにすればよいのか，分かり易い実用的な本が欲しいと言われたことによります．それには里山を構成する様々な植生の成り立ちを，植生学的に知ることが大事だと考え，本にまとめようと思いました．私が40年間，野外で理解してきた自然を元にしていますので，植生学を通して見た里山となっています．

文章が分かり易いかどうかは自信がないので，家内（中村明世）に絵をたくさん描いてもらい，理解を深められるようにしました．また，農林業の近現代史を学んだ娘（小林晃子）にアドバイスを貰いました．そして公園の管理，特に植生の管理にかかわられている鈴木理美さんには専門的な指摘を貰っています．この場を借りて心から感謝いたします．

引用文献

青木淳一（2016）森の仕組みと樹木の生活にかかわるダニの世界．樹木医学研究，20（1）：13-14.

石川純一郎（1985）マタギの世界．（梅原猛ほか　ブナ帯文化 291pp.）147-164. 思索社

梅原猛（1985）日本の深層文化．（梅原猛ほか　ブナ帯文化 291pp.）15-27. 思索社

Krestov, P.V.（2006）：Vegetation cover and phytogeographical lines on northern Pacifica.- D.Sc. Thesis, Inst. of Biology and Soil Sci., Vladivostok, 424 pp.

田川日出夫（1973）生態遷移Ⅰ. 87pp. 共立出版

武内和彦・鷲谷いづみ・恒川篤史（2001）里山の環境学. 257pp. 東京度医学出版会

田端英雄（編）（1997）里山の自然. 199pp. 保育社

Tüxen, R.（1978）Bemerkungen zu historischen, begrifflichen und methodischen Grundlagen der Synsoziologie. Tüxen, R.（Edit）：Assoziationskomplexe（Sigmeten）535 pp., 3-11.

中村俊彦（2004）里やま自然誌. 128pp. マルモ出版

中村幸人・大和量（2010）多摩川流域の植生と植生図―30年間の変化. 東京農業大学地域環境科学部. 85 pp.

Nakamura, Y. & Krestov, P.V.（2005）Coniferous forests of the Temperate zone of Asia. Edt. Gooddall, D.W. Ecosystem of the world（6），Coniferous forests 633 p., 163-220.

中村幸人・大渕香菜子・西野文貴・上原巌（2016）南相馬とその周辺における東日本大震災以降の植生と植生景観の変動. 生態環境研究（ECO-HABITAT），23（1）：51-77.

日本植木協会コンテナ部会編（2008）日本の自生植物（木本）―特徴と利用方法―. 94pp.

沼田真（1987）植物生態学論考. 918pp. 東海大学出版

Miyawaki, A. & Nakamura, Y.（1988）Überblick über die japanische Vegetation und Flora in der nemoralen und borealen Zone. Veröff. Geobot. Inst. ETH, Stiftung Rübel, 98：100-128.

宮脇昭・中村幸人・金鍾元・加藤明弘（1986）海老名市の植生. 海老名市教育委員会. 132pp.

広木詔三（編）（2002）里山の生態学―その成り立ちと保全のあり方. 333pp. 名古屋大学出版会

著者プロフィール

中村幸人（なかむら　ゆきと）

1952年福島県生まれ.

東京農業大学地域環境科学部教授を経て，現在，東京農業大学名誉教授

著書に，『植生景観とその管理』中村幸人監修 日本植木協会編 共著（2014年 東京農大出版会刊），『みどりの環境デザイン―植栽による循環型社会の景観創出』日本植木協会コンテナ部会編 共著（2001年 東京農大出版会刊）等がある.

植生から見る里山—その保全と再生のために—

2021（令和3）年4月14日　初版第1刷　発行

著　　者　中村幸人
イラスト　中村明世
発　　行　一般社団法人東京農業大学出版会
　　　　　代表理事　進士五十八
　　　　　住所　156-8502　東京都世田谷区桜丘1‐1‐1
　　　　　Tel 03-5477-2666　Fax 03-5477-2474
　　　　　E-mail：shuppan@nodai.ac.jp